Nourrir mon chat et mon chien sans croquettes

Dr Ariane Garber
Vétérinaire

Nourrir mon chat et mon chien sans croquettes

L'alimentation naturelle pour des animaux en bonne santé

Éditions
EYROLLES

Éditions Eyrolles
61, bd Saint-Germain
75005 Paris
info@eyrolles.com
www.editions-eyrolles.com

À tous les animaux que j'ai connus, aidés, soignés, guéris et aimés.

Avec mes remerciements sincères à Mme Marie Simonin, pour ses corrections et ses conseils toujours avisés et félinement inspirés.

Lecture/correction : Aurélie Le Floch

Depuis 1925, les éditions Eyrolles s'engagent en proposant des livres pour comprendre le monde, transmettre les savoirs et cultiver ses passions !
Pour continuer à accompagner toutes les générations à venir, nous travaillons de manière responsable, dans le respect de l'environnement. Nos imprimeurs sont ainsi choisis avec la plus grande attention, afin que nos ouvrages soient imprimés sur du papier issu de forêts gérées durablement. Nous veillons également à limiter le transport en privilégiant des imprimeurs locaux. Ainsi, 89 % de nos impressions se font en Europe, dont plus de la moitié en France.

ISBN : 978-2-416-00233-5

Sommaire

Chapitre 2. L'alimentation normale, saine et naturelle du chien et du chat

Chapitre 3. Les idées fausses (et tenaces !) sur l'alimentation des chiens et des chats

Chapitre 4. Quelques maladies en lien avec l'alimentation industrielle

Introduction

Chez nos animaux de compagnie, les constatations sont effrayantes et en progression constante : leurs maladies sont de plus en plus fréquentes, précoces et graves. En effet, de nombreux chiens et chats sont obèses, le diabète chez nos compagnons est en pleine explosion, les problèmes dermatologiques augmentent chaque jour, les très jeunes animaux – d'à peine quelques mois – ont des diarrhées sérieuses, les pathologies chroniques sont très fréquentes, les tumeurs – surtout digestives – font mourir nos chiens et nos chats de plus en plus tôt (dès 4 ou 5 ans)... Il y a donc un sérieux problème, et il est grand temps de s'en préoccuper !

La cause est connue. On le sait maintenant, la nourriture industrielle est vraiment néfaste et cumule beaucoup trop de défauts, avec des résultats catastrophiques pour la santé des humains comme pour celle de nos petits animaux de compagnie : plus de 80 % des maladies sont dues, directement ou indirectement, à la malbouffe. Chez nos chiens et nos chats, on a un vrai coupable : les croquettes. Tout le monde en donne, simplement « *parce que c'est facile* » ! Mais, malheureusement, « facilité » n'est pas synonyme de « santé ».

Si l'on vous démontre pourquoi les croquettes sont responsables des inflammations intestinales, des déséquilibres nerveux, des « gratouilles » infernales et autres maladies, je pense que vous commencerez à voir le « vrai visage » de cette nourriture si délétère et à vouloir nourrir sainement votre animal. C'est la raison d'être de ce livre.

Dans cet ouvrage, vous apprendrez aussi les intentions cachées, mais bien réelles et choquantes, des firmes qui nous vendent – et vantent – ces croquettes. Car, hélas, la santé des animaux ne les intéresse pas du tout : seul le profit pousse les industriels à fabriquer des produits de plus en plus mauvais, mais bien vendus par du marketing ciblé, des stratégies particulièrement efficaces et même insidieuses, voire très redoutables ces dernières années.

Les propriétaires d'animaux me posent tant de questions sur l'alimentation saine, depuis si longtemps, que j'ai décidé d'en compiler la majorité dans ce livre. Après plusieurs dizaines d'années de pratique en tant que vétérinaire, je suis toujours aussi motivée pour ouvrir les yeux des gens sur les croquettes, dont la qualité s'est fortement dégradée ces dernières années. Je ne serai jamais fatiguée d'aider les gens à faire au mieux pour leur animal.

J'en ai vu défiler, des animaux malades à cause de leurs croquettes ; j'en ai vu beaucoup, des animaux tristes et définitivement condamnés par des tumeurs dont l'origine était incontestablement alimentaire (notamment les lymphomes digestifs, les tumeurs du pancréas, les cancers du foie...). Or, quand on sait que l'alimentation naturelle, avec d'excellents nutriments indispensables à l'organisme, aurait permis à bon nombre d'entre eux de mieux vivre, sans maladie, il est impossible que je garde cela pour moi. Je me dois de partager ces informations avec les propriétaires désireux de préserver au mieux la santé de leurs compagnons.

De plus, même vétérinaire, je suis avant tout une « maman » ayant toujours nourri mes très nombreux animaux (jusqu'à dix-huit chats en même temps) avec des repas maison et des résultats probants : ils ont toujours vécu très bien, et longtemps. C'est donc avec des explications simples et des solutions pratiques que, vous aussi, vous allez pouvoir mieux nourrir votre animal de compagnie.

Ce livre est une source d'information très facile à utiliser : vous vous posez une question et vous y trouvez une réponse simple, claire et la plus synthétique possible. C'est pour cela que j'ai choisi cette forme « questions-réponses ». Ainsi, vous aussi, vous allez comprendre beaucoup de choses.

Bien donner à manger à son animal est LA solution principale. Bien nourrir son chien ou son chat n'est ni compliqué, ni cher, ni difficile, ni source de carences ou d'autres problèmes. Encore faut-il que vous ayez les bonnes informations. Cette solution est, en fait, très simple : c'est la gamelle naturelle, avec des repas maison composés d'aliments frais et sains, comme pour nous, moyennant quelques petites précisions à connaître et adaptations à apporter pour les chiens et les chats.

En revenant à une nourriture saine, la plupart des problèmes de santé de vos compagnons vont s'atténuer, s'estomper, diminuer voire se résoudre et disparaître, rien qu'avec cette solution simple mais très efficace. Vous serez surpris ! Voici l'une des phrases que j'entends le plus souvent : « *Si j'avais su, je l'aurais fait depuis longtemps !* » Et si votre animal est en pleine forme, le nourrir naturellement lui permettra d'éviter d'attraper une « maladie industrielle » (aussi appelée « maladie de civilisation »).

L'alimentation naturelle est régulièrement appelée « rations ménagères ». C'est un terme que je n'aime pas car il est très péjoratif, surtout utilisé de façon snob par les partisans de la nourriture industrielle pour déprécier les repas préparés à la maison. En dénigrant ainsi cette solution naturelle, ils essayent de dissuader les propriétaires de se mettre aux fourneaux pour leurs compagnons, alors qu'au contraire, c'est justement le mieux à faire ! C'est pour cela que, dans ce livre, je préfère parler de « gamelles naturelles », de « plats maison » ou bien de « cuisine maison » pour l'alimentation que vous préparez vous-même. Ces termes sont plus positifs (on imagine bien les petits plats mijotés avec amour) et déculpabilisent les propriétaires, qui se détournent ainsi des produits industriels pour choisir la meilleure solution et la plus sage décision.

Alors, à vous de lire ce livre et d'aider votre animal car… « *il le vaut bien* » !

Chapitre 1

Que penser des aliments industriels ?

La malbouffe, c'est la nourriture de mauvaise qualité, qui nourrit peu ou mal, avec des substances manquantes entraînant des carences, remplie d'additifs à l'origine de graves problèmes de santé (inflammations, oxydations, déséquilibres, perturbations hormonales...).

Bref, tout sauf du bon, le bon étant, pour nos carnivores, surtout des aliments carnés, c'est-à-dire des protéines et des matières grasses de qualité, d'origine animale, avec de bons apports en minéraux et en vitamines naturelles (et non chimiques).

On trouve cette malbouffe essentiellement dans les aliments industriels, quels qu'ils soient : les croquettes, les pâtées, les sachets, les boîtes, les bouchées, les terrines... Autrement dit, tout ce qu'on achète pour ne rien avoir à préparer, par facilité.

Le problème de ces produits industriels tout prêts est qu'on les obtient grâce à des procédés de fabrication très agressifs, qui dénaturent et détruisent les nutriments dont certains sont très fragiles (matières grasses, protéines, vitamines...). On les appelle « produits transformés », même ultra-transformés, tellement modifiés qu'il n'y a plus grand-chose d'alimentaire dedans. Pour faire simple, plus un aliment est modifié, moins il est nutritif. Résultat : les animaux *se remplissent* avec ces produits mais ils ne se nourrissent pas ! Or, depuis quelques années, quasiment tous nos animaux de compagnie doivent s'en contenter, ce qui génère inévitablement des problèmes de santé.

Le summum de la malbouffe animale est atteint avec les croquettes, qui cumulent tous les défauts et les travers de la manipulation industrielle délétère : compression, cuisson-extrusion, hautes températures, déshydratation, enrobage de gras (aussi appelé « digest »), ajout important d'additifs pour la texture, la coloration, l'odeur, afin de berner nos animaux de compagnie... Certains pensent qu'en y mettant le prix, la qualité sera là. Mais détrompez-vous : les croquettes vétérinaires, qui coûtent quatre fois plus cher, ne sont pas meilleures que les croquettes de grande surface.

Les nombreux défauts de l'alimentation industrielle, plus précisément des croquettes, seront abordés dans le détail dans ce chapitre[1].

1) Quelle quantité d'eau les croquettes contiennent-elles ?

Les animaux – et les humains – sont constitués à 80 % d'eau et, comme le dit l'adage, « on est ce que l'on mange » ; cela signifie que l'on DOIT manger de la nourriture humide, contenant 80 % d'eau. Et cela est normal parce que, par notre nourriture, on absorbe en fait 80 % de notre boisson. Autrement dit, la première chose que l'on fait en mangeant, c'est de boire, en avalant de l'eau *via* nos aliments. Les repas classiques

1. Je vous conseille de consulter mon livre précédent (*Nos chiens et chats malades de leurs croquettes*, Phyto-animaux, 2017), dans lequel je développe très longuement ces défauts et toutes les maladies provoquées par les croquettes : allergies, inflammations, maladies chroniques, vieillissement précoce, insuffisances, tumeurs, etc.

sont d'ailleurs naturellement humides : viandes ou proies juteuses, fruits mûrs, légumes, féculents cuits à l'eau...

Les croquettes : une alimentation beaucoup trop sèche

Les croquettes sont des aliments déshydratés, contenant à peine 10 % d'eau (au lieu des 80 % « réglementaires »), ce qui constitue une nourriture beaucoup trop sèche pour l'organisme.

Pour contrebalancer ce manque d'eau, une partie est avalée par la boisson chaque jour (l'animal boit plus que la normale), mais cette compensation est insuffisante et la quantité quotidienne d'eau ingurgitée n'est donc jamais complète, jamais parfaite ! En d'autres termes, même si nos compagnons boivent plus pour compenser le manque d'apport d'eau dû aux aliments secs (les croquettes), ils n'arrivent jamais à boire assez pour combler tout ce qui leur manque.

Résultat : l'organisme est toujours en déficit hydrique, comme s'il était constamment « sous-hydraté », avec des conséquences néfastes.

Quelles conséquences pour l'organisme ?

De plus, le système digestif des animaux doit aussi fournir beaucoup trop d'efforts pour digérer les croquettes, ces morceaux secs et durs comme des cailloux (essayez de les casser avec vos doigts et vous comprendrez).

C'est pourquoi de nombreux problèmes finissent par apparaître :

- L'animal doit produire bien trop de salive pour arriver à humidifier cette nourriture anormalement sèche (certainement à l'origine des tumeurs des glandes salivaires).
- Pour produire plus de salive, il doit boire plus, mais c'est difficile pour les petits buveurs comme le chat.
- Les croquettes sèches ne sont pas mâchées car le plus souvent avalées tout rond, provoquant des irritations et des inflammations digestives : c'est l'effet « papier-émeri » sur les parois de l'œsophage

et de l'estomac, à l'origine de gastrites fréquentes (l'animal régurgite son repas à peine avalé).

- La digestion est plus difficile car le bol alimentaire n'est pas assez broyé ni humide pour permettre une fermentation correcte par les bactéries intestinales.
- Les croquettes sèches sont trop dures, difficiles à mâcher pour les très jeunes animaux, et surtout pour les plus vieux. Avec l'âge, les problèmes buccaux et la douleur, les animaux seniors mangent encore, mais de moins en moins : ils maigrissent et vieillissent plus vite que la normale. Le propriétaire l'attribue à l'âge, mais c'est une erreur car, en redonnant des aliments humides, le vieil animal peut retrouver son poids et sa vitalité. Preuve que les croquettes ne sont pas bonnes pour les jeunes ou les adultes, et encore moins pour les vieux animaux !
- Avec des aliments secs et un animal en stress hydrique permanent, l'organisme doit économiser l'eau au maximum. Ainsi, il produit des urines très concentrées (plus que la normale, très jaunes), ce qui favorise les cystites et les calculs urinaires dans la vessie et/ou les reins, avec risque de blocage urinaire mortel chez les mâles (surtout chez les chiens et chats castrés).
- Obligés de travailler davantage pour limiter au maximum les pertes d'eau de l'organisme, les reins fonctionnent beaucoup plus, ce qui conduit à l'insuffisance rénale. De fait, les animaux deviennent insuffisants rénaux de plus en plus tôt.
- Toujours parce que l'organisme doit économiser l'eau à cause des croquettes, toutes les sécrétions sont anormalement diminuées : une peau et des poils plus secs, des matières fécales sèches, moins de larmes (kératite sèche, ulcère cornéen), des glandes anales souvent bouchées, une bile moins fluide (calculs vésicaux)...

De façon globale, avec un organisme perpétuellement en économie d'eau, tous les échanges cellulaires, les activités tissulaires et les réactions métaboliques se déroulent moins vite, avec moins de fluidité et d'efficacité, car elles nécessitent une certaine quantité d'eau (eau cellulaire, eau métabolique, fluides corporels) ; or, l'eau est fortement diminuée quand l'animal mange des croquettes.

2) Comment sont fabriquées les croquettes ?

Le deuxième gros problème des croquettes, après la quantité d'eau insuffisante qu'elles contiennent, c'est leur processus de fabrication ! À cause du broyage, malaxage, « mélangeage », chauffage, compactage, etc., la plupart des nutriments sont dénaturés voire détruits (protéines, matières grasses, vitamines, minéraux, oligo-éléments). Bref, il ne reste plus grand-chose de comestible à la fin.

Certes, il faut cuire et préparer les aliments (le cru n'est pas recommandé, reportez-vous à la question 89 pour en savoir plus), mais de là à les chauffer, surchauffer, pasteuriser, lyophiliser, extruder, compresser, dessécher... bref, à les « croquettiser », il y a un gouffre ! Car tous les nutriments sont sensibles à la chaleur, au broyage, aux pressions, qui les transforment et les détruisent en grande partie.

Imaginez un beau steak qui resterait cinq heures sur le barbecue... À la fin, à part une semelle carbonisée, il ne reste plus rien de digérable. Pire : certaines matières grasses deviennent même toxiques. C'est d'ailleurs pour cela que le barbecue utilisé trop fréquemment est déconseillé, à cause de la formation de benzènes, d'aldéhydes...

D'autres réactions se produisent suite à ces ultra-transformations des aliments, notamment la réaction de Maillard qui donne l'odeur du « brûlé » d'un morceau de steak ou le goût « grillé » d'un toast trop cuit. Cela donne faim et fait envie, mais on sait aujourd'hui que manger trop souvent des aliments brûlés ou grillés est néfaste, ces traitements thermiques étant synonymes de modifications moléculaires avec apparition de composés cancérigènes.

Autrement dit, des aliments ultra-transformés comme les croquettes relèvent plus du gâchis nutritionnel que de la fabrication d'aliments. Notez que comme TOUTES les croquettes subissent ces mêmes procédés de fabrication, elles sont TOUTES nocives. Donc, les croquettes, c'est comme les cigarettes : aucune n'est meilleure qu'une autre.

Ces procédés industriels sont agressifs et néfastes pour les aliments. Mais surtout, ils sont méconnus du public : rien n'est indiqué sur les emballages ; les consommateurs ne reçoivent aucune information préalable, ils ignorent à quels traitements les aliments tout prêts sont soumis.

Le consommateur n'est mis au courant que si une catastrophe se produit et que le scandale éclate.

Le scandale des croquettes trop ionisées

Il y a quelques années, un scandale sanitaire important a touché de nombreux chats en Australie et en Nouvelle-Zélande, mettant en lumière un procédé industriel utilisé pour le *petfood* mais méconnu du grand public car source de polémique : l'ionisation des croquettes[1]. L'ionisation est une sorte d'irradiation visant à détruire les éventuels microbes pathogènes. Mais, parfois, cette ionisation est surdosée sur quelques lots d'aliments (mauvaises manipulations, avec des taux jusqu'à 6 à 10 fois supérieurs à la normale !), rendant toxique cette nourriture sèche, sans que cela soit indiqué sur le paquet ni même visible sur les croquettes. Ainsi, les conséquences gravissimes de l'ingestion de ces croquettes « sur-ionisées » sur la santé des chats sont apparues : des troubles neurologiques locomoteurs sévères (faiblesse musculaire, ataxie, parésie, paralysie et tétraplégie). Certains animaux ont même dû être euthanasiés[2].

1. G. Child and Darren J. Foster, « Ataxia and paralysis in cats in Australia associated with exposure to an imported gamma irradiated commercial dry pet food », *Australian Veterinary Journal*, volume 87, n° 9, septembre 2009.
2 Je vous renvoie à mon livre précédent (*Nos chiens et chats malades de leurs croquettes*) pour tous les détails concernant ce scandale alimentaire qui a touché près d'une centaine de chats en Australie et en Nouvelle-Zélande, de juin 2008 à mars 2009.

3) Quels ingrédients trouve-t-on dans les croquettes ?

Des ingrédients de base manquants ou détruits

Dans la nourriture industrielle, il n'y a **pas assez de protéines animales**, ni de bonnes matières grasses ! Or, les carnivores doivent surtout manger des produits carnés (viande, poisson), sources de protéines et de matières grasses de qualité. Voyons cela plus en détail.

D'abord, il n'y a quasiment pas de protéines d'origine animale dans les croquettes :

- Les viandes sont présentes à moins de 4 % (donc 96 % de NON-viande !), notamment parce qu'elles sont trop chères et réservées à la consommation humaine.
- Même si une marque utilise plus de viande (ce serait déjà un miracle), de toute façon, cela ne sert à rien, car les processus de fabrication des croquettes détruisent les protéines et matières grasses animales. En effet, les procédés de fabrication sont très délétères pour ces nutriments fragiles et indispensables à nos animaux de compagnie : cuisson-extrusion, dessèchement, températures élevées, très hautes pressions pour la compression...
- Les croquettes contiennent surtout des sous-produits animaux sous forme de farines de viande ou de poisson, autrement dit des parties peu nutritives, faiblement comestibles et parfois même discutables (des déchets) : des carcasses de poulet, des plumes, des pattes, des écailles et des arêtes de poisson, des abats non utilisables pour la consommation humaine tels les poumons, les mamelles, les viscères, les graisses et autres suifs, etc. Bref, pas vraiment une source de bonnes protéines, rien de bien nutritif. Rien que, de toute façon, les chiens et les chats ne mangeraient normalement. Depuis quelque temps, on trouve aussi dans les croquettes des farines d'autres sources (soja, insectes), très loin des protéines carnées

de qualité, ce qui pose beaucoup de problèmes de santé. Ce sera développé dans les défauts suivants.

Ensuite, l'autre grand souci concerne **les matières grasses**. Dans les très rares cas où les industriels utilisent des graisses de qualité au départ, on en revient toujours au même problème lié à la production des croquettes : les procédés de fabrication les détruisent. Et, la plupart du temps, les matières grasses employées sont de faible qualité car elles sont beaucoup moins chères. De plus, elles sont aussi dénaturées, oxydées et détruites par les températures et les pressions élevées. On obtient donc un résultat catastrophique : les bonnes matières grasses sont manquantes dans les croquettes, conduisant à des carences pour l'organisme.

De nouveaux ingrédients totalement inappropriés

Comme les bons ingrédients ne sont quasiment pas utilisés (manque de protéines et de matières grasses de qualité), il faut bien que les industriels mettent quelque chose d'autre dans leurs croquettes. Ils se sont donc rabattus sur plusieurs sortes d'ingrédients ne correspondant pas à l'alimentation normale de nos animaux de compagnie.

Comme nous l'avons vu précédemment, ils utilisent des sous-produits animaux : des déchets de l'industrie alimentaire humaine, comme des carcasses de poulet, des plumes, des pattes, des écailles et des arêtes de poisson, des viscères, des graisses, des suifs...

Ils utilisent aussi des céréales pour remplacer les protéines animales par des protéines végétales, oubliant que, pour les carnivores, ce n'est pas du tout pareil. C'est ainsi que les croquettes contiennent du blé, de l'orge, du maïs, du soja, de l'avoine... Cela convient très bien pour des vaches ou des poules, mais pas pour des chiens ou des chats ! Ils utilisent également beaucoup de sous-produits végétaux, c'est-à-dire des déchets de la production végétale : des enveloppes de céréales, des tiges et autres débris. En plus d'être non nutritifs, ces céréales et autres déchets végétaux ont beaucoup d'inconvénients : manque de nutriments essentiels, toxines, pesticides, OGM... Quant à l'origine de ces produits, aucune traçabilité n'est exigée. Mais, vu la médiocrité des composants, vous comprendrez que c'est un détail...

En lisant les étiquettes, on constate aussi la présence de composants très incongrus (tous lus sur des emballages) :

- de la pulpe de betterave ou de chicorée ;
- du yucca (contre les flatulences malodorantes dues aux mauvaises fermentations) ;
- de l'amidon prégélatinisé ;
- du tapioca ;
- de la pulpe de citron (or, les chats détestent les agrumes) ;
- des graines de psyllium (qui ont une action coupe-faim) ;
- du concentré de raisin (alors que c'est toxique !) ;
- des fibres ou du gruau d'avoine (c'est-à-dire des enveloppes de céréales) ;
- de la farine de son de pois (le son est une enveloppe végétale) ;
- des cosses de fèves...

J'ai même trouvé du caramel dans une préparation d'une grande marque !

Des nouveaux termes sont aussi apparus, dont on ne sait pas très bien à quelles matières premières ils correspondent : hydrolysats, isolats... Par exemple, le composant « hydrolysat d'isolat protéique de soja » est un joli terme compliqué pour nommer un déchet de soja !

Bref, beaucoup trop de produits bizarres et non comestibles – ou si peu – pour nos carnivores, qui ne sont de toute façon pas équipés pour les digérer. Rien de bon à manger, en tout cas. À ce stade, ce ne sont plus des sous-produits mais plutôt des « non-produits », de véritables déchets non comestibles et non recyclables, juste bons à jeter à la poubelle !

Il y a environ une quinzaine d'années, pour une question de coût, les industriels ont remplacé massivement les viandes par des céréales dans les croquettes (orge, blé, maïs, avoine...), un choix déjà très discutable. Puis ils ont continué avec des sous-produits, bien éloignés des aliments (plumes, carcasses, farines de viandes, enveloppes de céréales, etc.). Mais, depuis quelques années, les fabricants ont fait encore plus fort !

Comme les viandes sont plus rentables pour la consommation humaine, les sous-produits animaux beaucoup utilisés et les céréales de plus en plus chères, il fallait trouver encore autre chose. Les industriels se sont donc tournés vers... les insectes ! Ainsi, quatre types d'insectes sont utilisés dans les aliments pour chiens et chats : la mouche domestique, le grillon, le ver de farine et le ver à soie (ça ne s'invente pas !).

Évidemment, vous ne lirez jamais « insectes » sur les étiquettes des aliments industriels : ce terme n'est pas assez vendeur. Ils sont sûrement classés dans la rubrique « sous-produits animaux », une catégorie beaucoup plus fourre-tout[1].

Les producteurs d'aliments industriels pour animaux de compagnie (les « *petfooders* », comme on les appelle) utilisent ces insectes sous forme de poudres, comme sources de protéines. Mais, pour nos chiens et nos chats, toutes les protéines ne se valent pas ! Les protéines de viandes ne sont pas des protéines végétales, et diffèrent également des protéines d'insectes. Donc, est-ce vraiment un aliment pour nos carnivores ? Bien sûr que non. Tout simplement parce qu'on ne nourrit pas de la même manière un carnivore et un insectivore.

La Nature a créé des animaux avec des régimes alimentaires bien spécifiques, chacun devant se nourrir de ce pour quoi il est prévu : les carnivores mangent des produits carnés, les insectivores mangent des insectes, les herbivores mangent de l'herbe, les frugivores mangent des fruits, etc.

1 Voir la partie « Les insectes et autres composés anormaux » dans la bibliographie.

Manger ou ne pas manger d'insectes, telle est la question

Peut-être vous dites-vous : « *Mais, nous aussi, on veut nous faire manger des insectes !* » Oui, mais il y a des différences essentielles. Les humains sont des *omnivores*, ayant normalement tout le matériel pour digérer beaucoup de choses : de la viande, des légumes, des insectes… tandis que les chiens et chats, eux, sont des *carnivores* ! Ils n'ont pas ce qu'il faut pour digérer des insectes (parfois, un chien gobe une mouche qui passe ou un chat attrape une sauterelle, mais c'est par jeu, et non dans un but alimentaire).

De même que les insectivores ne savent pas digérer de la viande, les carnivores ne peuvent pas manger d'insectes. Donneriez-vous du poulet à une chauve-souris ou à un moineau ? Non, car il ne sait pas le digérer. Pour la même raison, on ne nourrit pas un chien ou un chat avec de la poudre de mouches.

Mais pour l'instant, intéressons-nous à nos chiens et chats de compagnie : ces insectes leur causent énormément de problèmes de santé. Les maladies les plus fréquentes sont toujours liées au système digestif, et elles sont très nombreuses : inflammations à répétition (gastrite, gastro-entérite, hépatite, pancréatite), malabsorption des nutriments (les animaux maigrissent bien qu'ils mangent), vomissements, diarrhées fréquentes (ou cacas mous récurrents), parfois dégoût pour certaines croquettes… Il est certain que les croquettes sont responsables de ces maladies car, dès qu'on redonne une nourriture saine (plats maison) à ces animaux, les problèmes disparaissent comme par enchantement (et sans médicament).

Malheureusement, certains animaux arrivent trop tard chez le vétérinaire, avec des symptômes bien trop graves, dus soit à des tumeurs digestives – en pleine expansion ces dernières années, surtout chez des animaux jeunes (dès 5, 6 ou 7 ans) –, soit à des MICI (maladies inflammatoires chroniques intestinales) – l'animal a faim et mange mais ne supporte plus aucune nourriture. À cause des inflammations à répétition et de plus en plus graves, son tube digestif ne marche plus du tout et cela provoque des vomissements et des diarrhées que l'on n'arrive plus à soigner. L'animal mourra de faim après plusieurs semaines et un amaigrissement effrayant.

Nous l'avons vu, les croquettes contiennent de nombreux produits qui ne sont pas adaptés au système digestif des chiens et des chats, notamment des céréales. Nous allons aborder plus en détail cette question, ainsi que celle du gluten, dans le défaut suivant.

4) Céréales et gluten: bon ou mauvais?

Vade retro, Satanas!

En tant que carnivores, les chiens et les chats ne sont pas «programmés» pour manger des céréales: ils ne savent pas bien les digérer, sauf si elles sont correctement préparées dans les plats maison: cuites, panifiées... car elles sont alors digérables par les bactéries intestinales. Mais l'alimentation industrielle en contient beaucoup trop: ce sont d'ailleurs les composants principaux des croquettes, des barres à mâcher et, dans une moindre mesure, des boîtes et autres nourritures humides. Or, les céréales ont plusieurs inconvénients, dont la présence de gluten dont on entend beaucoup parler. Comme je développe longuement ce point dans la question 42, je vais en faire ici un petit résumé.

Qu'est-ce que le gluten? Il s'agit d'un nom générique pour désigner certaines protéines végétales de plusieurs grandes familles (gluténines, prolamines gliadines), toutes contenues dans les céréales.

Le gluten est une substance collante (d'où son nom, venant de «glue»), fabriquée naturellement par les céréales pour rendre les animaux qui les mangent «un peu malades» afin que, la prochaine fois, les herbivores passent leur chemin et ne touchent plus à ces céréales. C'est donc une sorte de moyen d'autodéfense, développé par ces plantes pour éviter d'être mangées!

Avantages et inconvénients du gluten

Voyons d'abord l'avantage du gluten pour les industriels. Pour fabriquer des croquettes bien dures, les céréales sont indispensables, et surtout leur gluten qui permet ce compactage. C'est en fait une sorte de « colle végétale » pour bien faire tenir la croquette et diminuer les poussières et autres miettes (c'est valable également pour les aliments à destination des humains : le pain, la brioche, les pâtisseries, les pâtes...). Alors, au fil du temps, et pour répondre aux doléances et aux besoins techniques des industriels, les cultivateurs ont sélectionné des céréales contenant de plus en plus de gluten. Or, on se rend compte maintenant que ces céréales, avec leur taux de gluten de plus en plus élevé, rendent tout le monde malade, humains comme animaux !

D'emblée, on peut donc déjà dire ici que des croquettes « sans céréales » ou « sans gluten » sont techniquement impossibles à fabriquer ! Si vous lisez ces allégations sur un paquet, c'est faux et mensonger. Il y en a peut-être un peu moins que dans les croquettes habituelles, mais il y en a quand même.

Voyons maintenant le très gros inconvénient du gluten pour la santé : il stimule trop – beaucoup trop – le système immunitaire de l'animal, notamment au niveau du système digestif, qu'il rencontre en premier lieu (et c'est normal, car c'est la voie d'entrée du gluten dans le corps). C'est comme si le gluten était allergisant : il provoque des désordres immunitaires (hyperstimulation des défenses), entraînant des troubles digestifs (ballonnements, diarrhées) et des maladies dermatologiques (par dissémination dans le corps).

Des démangeaisons au niveau des pattes ?

L'un des symptômes les plus typiques liés au gluten est la démangeaison des pattes : l'animal se lèche sans arrêt les extrémités des membres, il se mâchouille les doigts de pied, il se mordille les coussinets de façon frénétique, sans pouvoir s'arrêter. Il peut même aller jusqu'à se blesser les pattes, avec l'apparition d'abcès entre les doigts qui sont alors tout gonflés, boursouflés voire purulents. La salive du léchage, combinée à la chaleur de la peau, favorise la multiplication locale de bactéries, provoquant cette pododermatite (dermatite des pieds). Si les médicaments anti-inflammatoires sont efficaces mais qu'on n'enlève pas la cause (le gluten), cela recommencera. En revanche, dès que l'on arrête la nourriture industrielle – surtout les croquettes et les barres à mâcher – et que l'on passe à la gamelle naturelle en évitant les ingrédients à base de céréales (pâtes, pain, biscuits), les symptômes disparaissent après quelques semaines, définitivement et sans traitement. Pour plus de détails sur les méfaits du gluten, rendez-vous à la question 16 sur le profil de l'« animal-croquettes », et au chapitre 4, qui développe les diverses maladies en lien avec les croquettes et le gluten.

Les céréales, à l'origine d'une nourriture pas assez acide

Un paramètre important pour le métabolisme, lié à la nourriture mais dont on ne s'occupe pratiquement pas (ou souvent oublié), est le niveau d'acidité des rations. Il faut savoir en effet que le pH est aussi important pour le métabolisme que la température corporelle ou l'état d'hydratation du corps.

Normalement, les carnivores fonctionnent sur un « mode acide », car leur nourriture naturelle est acide (produits carnés, légumes acides comme la tomate...). On croit souvent que le mot « acide » est associé à quelque chose de négatif, mais pour nos carnivores, c'est parfait, car ils en ont physiologiquement besoin. Or, l'utilisation importante (et même abusive) des céréales dans les aliments du commerce rend ces derniers trop peu acides pour les carnivores et trop alcalins, donc néfastes.

Concrètement, le pH de la nourriture carnée est bien inférieur à 7 (entre 5 et 6,5). Mais, souvent, le pH des croquettes tourne autour de 7,5 voire 7,8, ce qui est beaucoup trop alcalin. « Il n'y a pas une grosse différence », me direz-vous. Détrompez-vous ! Pour que vous compreniez l'importance des chiffres, même de ceux après la virgule, voici un exemple : si vous diminuez le pH de l'urine de 6,6 à 6,5 (donc, une petite différence de 0,1 unité), vous diminuez le risque d'avoir des calculs urinaires par un facteur 17 ! Traduisez : on a 17 fois moins de risques d'avoir des calculs urinaires avec une urine à 6,5 plutôt qu'à 6,6. Vous comprenez alors qu'une nourriture adaptée aux chiens et chats, avec un pH de 6,5, ou des croquettes à 7,8, ce n'est PAS DU TOUT la même chose !

Quand la nourriture d'un animal a un mauvais pH, des troubles divers apparaissent chez ce dernier, dont les plus connus sont les struvites, c'est-à-dire des calculs urinaires de type alcalin, les plus fréquents chez nos jeunes chiens et chats (dès l'âge de 2 ou 3 ans !). Preuve qu'ils sont bien liés au pH : le traitement médical consiste à acidifier l'urine avec un médicament chimique qu'on appelle « acidifiant urinaire ». Alors qu'une nourriture naturellement carnée – donc acide – suffit à éviter ce problème...

Beaucoup d'autres pathologies découlent, directement ou indirectement, de ce déséquilibre du pH dû à la nourriture industrielle, trop alcaline pour nos carnivores : des inflammations diverses, surtout gastriques et intestinales (diffuses, de bas grade, chroniques...), des cystites à répétition... De plus, comme les sécrétions dans leur ensemble ne sont pas assez acides, certains organes travaillent mal ou sont mal protégés et génèrent :

- des gales d'oreille fréquentes, car le cérumen n'est pas assez acide ;
- des problèmes de peau, car le sébum et la flore cutanée sont trop alcalins ;
- du tartre s'installant très rapidement, car la salive est trop peu acide ;
- des larmes trop peu acides donnant des problèmes oculaires (conjonctivite, kératite, infection des yeux, etc.).

Il y a aussi des problèmes plus graves dont on peut suspecter la relation avec un mauvais pH alimentaire, et qui se développent sur des organes souffrant depuis longtemps : tumeurs, dégénérescences, insuffisances...

Des informations insuffisantes sur l'emballage

Vous l'aurez compris, le pH de la nourriture industrielle pose problème car son taux n'est pas adapté aux chiens et aux chats. Les fabricants ne sont pas obligés de le noter sur l'emballage... Et, de fait, ils ne le font pas ! Cette information, pourtant essentielle, s'ajoute à la liste des informations cachées aux consommateurs par les industriels.

5) Quelles substances trouve-t-on dans les croquettes ?

Des toxines dans les céréales mal conservées

Les céréales sont des graines relativement difficiles à conserver, notamment quand elles sont récoltées par temps humide. Stockées dans de grands silos, dans une atmosphère confinée, elles chauffent et, si elles ne sont pas bien sèches dès le départ, cela favorise la multiplication de moisissures, notamment de certains champignons. Or ces champignons sécrètent diverses substances toxiques (mycotoxines, aflatoxines, etc.) dont l'une des plus connues est l'ergotamine, provenant de l'ergot de seigle, un puissant hallucinogène (à l'origine de la fabrication du LSD !).

Ces contaminations, liées à la mauvaise conservation des céréales, ont aussi été à l'origine de cas célèbres d'intoxications collectives par le passé comme l'affaire des sorcières de Salem ou du « pain maudit », cet empoisonnement grave de plusieurs habitants du village français de Pont-Saint-Esprit en 1951[1].

Actuellement, des normes d'hygiène et de sécurité alimentaire imposent que les céréales utilisées dans l'alimentation humaine et animale soient soumises à des contrôles afin de vérifier la présence ou non de ces toxines. Cependant, les contrôles sont aléatoires et effectués sur quelques lots au hasard, car il est impossible de contrôler toutes les récoltes, provenant du monde entier.

Une intoxication est donc toujours possible, notamment *via* les aliments tout prêts contenant beaucoup de céréales, comme les croquettes. De fait, plusieurs toxines (avec des noms barbares) sont souvent retrouvées dans les analyses des croquettes pour chiens et chats[2] : zéaralénone, ochratoxine, déoxynivalénol... Leurs effets ne sont pas encore tous bien connus, mais certaines toxines déséquilibrent le système immunitaire ; d'autres sont des perturbateurs hormonaux à l'origine de problèmes de reproduction sévères (avortements, chiots ou chatons mal formés...) ; d'autres, enfin, provoquent des nécroses des extrémités (par troubles vasculaires).

Le procédé de chauffage (extrême) utilisé pour la fabrication des croquettes n'est malheureusement pas une solution : les hautes températures détruisent les champignons (c'est positif) mais aussi les bons nutriments (c'est négatif), et les toxines ne sont pas toutes éliminées par ces grandes chaleurs (ce qui est négatif aussi). Donc, tant que les céréales sont utilisées dans la nourriture des animaux, le risque d'intoxication existe.

---

1 La page Wikipédia résume très bien cette affaire : https://fr.wikipedia.org/wiki/Affaire_du_pain_maudit

2 « Quelles croquettes pour nos bêtes ? », France 5, reportage diffusé le 10 octobre 2017 (52 minutes). Pour plus de sources, voir la partie « Les mycotoxines » dans la bibliographie.

Des céréales issues de la culture intensive

Les croquettes contiennent beaucoup de céréales provenant surtout de la culture intensive, qui utilise des produits très controversés (pesticides, insecticides et autres herbicides). On sait aujourd'hui que la plupart de ces produits sont toxiques : action cancérigène, déséquilibres hormonaux (*via* les perturbateurs endocriniens)... Ces substances phytosanitaires sont en contact direct avec les céréales, surtout au niveau de leurs enveloppes, leurs feuilles, leurs tiges. Or ce sont surtout ces parties, potentiellement contaminées, qui sont utilisées dans l'industrie alimentaire pour chiens et chats (regroupées sous la mention de « sous-produits végétaux »). On peut donc raisonnablement penser qu'une bonne partie de ces produits se retrouvent sous forme de résidus dans la nourriture industrielle animale. Comme on sait que ces produits chimiques sont à l'origine de cancers divers et que l'on assiste, en parallèle, à une explosion des tumeurs en tous genres chez nos animaux de compagnie, on est en droit de se poser des questions sur les liens entre les deux et sur la nocivité, plus que probable, des aliments du commerce.

De fait, aucun contrôle sur la présence ou non de ces produits dans les croquettes ou les boîtes n'est effectué, la législation n'ayant rien prévu pour l'instant par manque de données scientifiques, de recul et... de volonté sanitaire, politique et industrielle.

Autre problème : beaucoup de céréales sont cultivées à partir de sources OGM (organismes génétiquement modifiés). Par exemple, la majorité du soja mondial provient du Brésil où il est uniquement OGM, comme dans bien d'autres pays d'ailleurs. Or, le soja est l'une des céréales les plus utilisées dans le *petfood* (aliments industriels pour chiens et chats), que ce soit tel quel ou sous forme d'huile de soja.

Que penser de ces céréales OGM ? De plus en plus de consommateurs sont méfiants – à raison – envers ces aliments dont on a manipulé l'ADN : *quid* de leurs effets sur nos organismes, contenant également de l'ADN ? Et que se passe-t-il dans les cellules des chiens et des chats qui en mangent tous les jours, dont le métabolisme est bien plus rapide que celui des humains, nos animaux vieillissant plus vite que nous ? Les conséquences apparaissent bien plus rapidement...

De plus, il faut savoir que la culture des plantes OGM de type TH (pour « tolérantes aux herbicides », tel le soja) implique l'utilisation de produits chimiques comme les herbicides. On les appelle d'ailleurs « plantes RR » (*round up ready*). En effet, le principe est que l'agriculteur plante du soja OGM et traite tout son champ avec des herbicides (notamment le fameux glyphosate). Ainsi, TOUT meurt sauf son soja OGM, car c'est la seule plante capable de le supporter.

Enfin, le soja, dont l'utilisation a fortement augmenté ces derniers temps, est riche en phyto-œstrogènes. On peut donc redouter de futurs impacts sur les systèmes hormonaux de nos compagnons, et des conséquences néfastes.

Des substances ou des quantités problématiques

La science progresse, mais on ne connaît pas encore tout. Avec des données incomplètes ou inexactes à l'heure actuelle, il n'est pas facile de déterminer les quantités précises de chaque nutriment nécessaires à chaque animal. Alors, parfois, les industriels ont la main lourde avec certaines substances comme le sel, l'iode... D'autant que les besoins sont très différents d'un animal à l'autre. Il existe des variations individuelles souvent énormes dont on ne tient pas compte quand on formule un aliment industriel standardisé, le même pour tous. Résultat : certains animaux auront une substance en trop, tandis que les apports seront insuffisants pour d'autres. Les conséquences sont alors à l'avenant : des symptômes de carence pour les uns, des signes d'excès pour les autres. Difficile de faire un seul type de croquettes, valable pour tout le monde.

Un exemple classique est celui de l'iode. Sans tenir compte des additifs perturbant les hormones, dont celles de la thyroïde (voir question 8 sur les additifs), les apports en iode doivent être adaptés pour nos animaux. Trop d'iode ou trop peu provoque, dans les deux cas, des maladies sérieuses de cette glande : respectivement, l'hyperthyroïdie ou l'hypothyroïdie. Ainsi, avec une même croquette X, le taux d'iode sera trop élevé pour un animal mais pas assez pour l'autre. L'un souffrira donc d'hyperthyroïdie et l'autre d'hypothyroïdie. La fréquence de ces deux maladies est très élevée et toujours en augmentation chez nos chiens et nos chats.

Il en est de même pour beaucoup d'autres nutriments, dont le sel. Une même quantité de sel standard, dans les croquettes X, sera parfaite pour un chien, mais ce sera trop pour un autre animal, provoquant chez lui, à terme, des problèmes cardiaques et rénaux. C'est notamment le cas, depuis des années, de la nourriture pour chats d'une marque bien connue (aux emballages mauves) : sa teneur en sel est trop importante.

Comment savoir ce qu'il en est ? Une amie éleveuse a fait quelque chose qui ne viendrait à l'idée de personne, mais qui s'est révélé riche d'enseignements. Elle a goûté ces fameuses croquettes et me l'a confirmé : « C'est trop salé ! » J'ai moi-même constaté cela en testant mes animaux uniquement avec cette marque pendant quelques jours : ils buvaient beaucoup plus que d'habitude (plus du double !), preuve qu'il y avait bien trop de sel. Donc, avec la même nourriture industrielle tous les jours, certains auront de la chance tandis que d'autres tomberont malades.

Il y a aussi des molécules plus vicieuses et totalement inconnues, notamment liées aux céréales et aux sous-produits végétaux, et pas recherchées du tout : les produits chimiques comme les pesticides, les herbicides, les insecticides… (déjà évoqués aux questions 3 et 5). Autrement dit, tous les produits utilisés par l'agriculture intensive, que l'on répand par milliers de tonnes dans les champs cultivés chaque année, et présents sur les tiges, les feuilles et autres parties de plantes. On n'en connaît rien ou pas grand-chose, juste qu'ils sont néfastes pour la santé, avec leur accumulation et leurs « effets cocktails », et à l'origine de maladies graves pour les agriculteurs qui les épandent. On imagine aisément, dans ces conditions, les risques pour la santé de ceux qui les avalent…

Enfin, il y a une grande catégorie de mauvaises substances que l'on ajoute volontairement dans les aliments industriels pour chiens et chats (croquettes ou pâtées) et que l'on regroupe sous le terme d'« additifs ».

Ce sujet étant relativement vaste par lui-même, je le développe un peu plus loin dans ce livre, dans la question 8.

Trop de mauvaises graisses

Pour respecter le taux minimum légal de matières grasses dans l'alimentation industrielle animale, les industriels sont obligés de rajouter des graisses. Mais les animaux n'en profitent pas car elles sont de piètre qualité (huiles végétales usagées, huiles de fritures ; graisses hydrogénées, oxydées...) et, en plus, ils les absorbent mal. Pire, ces mauvaises graisses perturbent le métabolisme : foie surchargé, surpoids, obésité, insuffisance pancréatique...

Sachez que, dans l'organisme, les bonnes graisses sont bien utilisées alors que les mauvaises graisses sont éliminées ou, à défaut, stockées dans le corps, rendant nos compagnons obèses. Si votre chien ou chat est devenu trop gros en consommant ses croquettes, c'est bien parce qu'elles contiennent des mauvaises graisses (ainsi que trop de sucres).

Les conséquences, néfastes pour l'organisme, sont donc liées à une double cause due aux matières grasses des aliments industriels : le manque de « bon gras », à l'origine de carences et de nombreux problèmes de santé (développés dans le chapitre 4), et l'apport de mauvaises graisses (huiles oxydées, graisses hydrogénées...), sources d'effets très délétères pour le corps. En effet, celles-ci ne sont pas utilisées et sont difficiles à éliminer. Elles s'accumulent dans l'organisme (surpoids) et provoquent même des maladies : surcharge graisseuse du foie (stéatose, fibrose, lipidose, cirrhose), obésité, inflammations sous-cutanées (grattages intempestifs), désordres nerveux, toxicité de certaines mauvaises graisses mal conservées ou trop chauffées...

L'enrobage des croquettes

Les chiens et les chats ne sont pas dupes : les croquettes sorties telles quelles de la chaîne de fabrication ne sont pas du tout appétentes pour eux, car ils sentent bien qu'elles ne leur conviennent pas. Elles sont soit insipides, soit trop sucrées, soit trop salées, soit remplies d'additifs ou de composition suspecte, même non identifiable.

Ainsi, pour tromper les animaux, en plus des additifs utilisés dans les aliments, les fabricants doivent employer systématiquement une astuce très simple : tout à la fin de la production, les croquettes sont enrobées d'un film gras, une fine pellicule de matière grasse avec une odeur et un goût attirants pour les animaux, que l'on appelle « *digest* ». Vous pouvez vous en rendre compte en touchant les croquettes : elles sont toujours grasses ! Cet enrobage de matières grasses et aromatisées est donc un leurre : les animaux mangent quand même ces aliments secs peu ragoûtants, grâce au *digest*. De même qu'on cache un cadeau ordinaire avec un bel emballage attrayant, les industriels masquent un aliment de piètre qualité par un enrobage appétent.

Des croquettes faussement succulentes

Quand j'ai expliqué cette ruse du *digest* à l'un de mes clients, il s'est exclamé : « *Mais alors, c'est pour cela que depuis des années, mon chien prend ses croquettes une à une, il les suce puis les recrache sans jamais les avaler !* » Brave chien qui, depuis longtemps, a compris que la seule chose intéressante dans les croquettes, c'est la graisse qui les entoure !

Au niveau nutritionnel, cette enveloppe grasse est juste un artifice, car elle n'ajoute aucune valeur nutritive intéressante. À peine de quoi duper les animaux pour les inciter à manger un produit médiocre. En revanche, ce type d'enrobage utilise des additifs tels que des arômes synthétiques et gustatifs particulièrement puissants et attractifs (extraits de foie), rendant les aliments artificiellement très appétents et même addictogènes, transformant à leur insu nos petits compagnons en animaux capricieux et difficiles à nourrir (« Je ne mange que cette sorte de croquette-là, et pas une autre ! »).

Des métaux lourds dans les croquettes de mon animal ?

Certains aliments industriels renferment potentiellement des métaux lourds, notamment *via* les végétaux, les poissons... d'autant que la structure de ces derniers leur permet de résister aux traitements thermiques et autres (broyage, pression, compression, etc.).

Quels sont ces métaux lourds ? Il s'agit du plomb, du cadmium, du mercure, de l'arsenic... Ils sont d'origines diverses, variables selon le type d'agriculture, la pollution industrielle et les moyens de transport : utilisation de molécules chimiques (engrais), fabrication de produits en usine, émissions de fumée par les véhicules...

Une fois retombés sur le sol, ces métaux lourds sont absorbés par la terre et les plantes, ces dernières étant ensuite consommées par les humains et les animaux. Dans l'eau, ces substances sont avalées par des petits poissons, eux-mêmes absorbés par de plus gros. Et l'on sait maintenant que plus le prédateur des mers est grand, plus son organisme sera chargé en métaux nocifs.

L'origine de la contamination de nos chiens et de nos chats est surtout alimentaire, avec deux grandes sources : les poissons – plus exactement les farines de poissons – et les céréales, tous deux utilisés dans l'alimentation industrielle. Autrement dit, plus on mange de produits ultra-transformés, plus on ingurgite de métaux lourds.

Actuellement, on peut souligner plusieurs problèmes liés à la recherche de métaux dans la nourriture animale industrielle :

- très peu de métaux lourds sont surveillés, quatre ou cinq tout au plus ;
- les dosages ne sont réalisés que sur certains échantillons pris au hasard ;

- les techniques de dosage sont parfois peu précises ;
- les taux sont acceptés s'ils sont inférieurs aux normes réglementaires, mais ces normes sont fixées de façon relativement aléatoire, sans vraiment de connaissances à ce sujet (toxicité variable suivant la dose, l'animal...) ;
- les effets de l'ingestion à long terme, même à très petites doses, ne sont pas vraiment connus chez nos animaux de compagnie (effet mutagène, cancérigène, tératogène...). Cependant, on peut redouter d'autant plus des effets néfastes que nos animaux sont petits (leur organisme est donc plus vite intoxiqué) et que leur métabolisme est bien plus rapide que le nôtre.

Seule solution : se tourner vers des aliments naturels, peut-être pas exempts de ces métaux mais qui en contiennent moins (d'autant moins si les aliments sont bio).

Des substances pour faciliter la digestion

En plus de nouveaux ingrédients totalement inappropriés et de nombreuses substances problématiques, les industriels ajoutent volontairement d'autres produits très discutables.

Les fabricants de *petfood* savent très bien que leurs aliments ne correspondent pas vraiment aux besoins et au métabolisme des carnivores (même s'ils ne l'avoueront jamais). Il y a une preuve qu'ils en sont bien conscients : ils anticipent les problèmes de digestion en ajoutant des éléments facilitant le travail intestinal (ce qui ne serait pas nécessaire s'ils utilisaient des aliments sains, parfaitement assimilables). Ainsi, les fabricants ont recours à plusieurs types d'astuces : l'ajout de substances naturelles utiles, mais aussi l'emploi de « ruses » plus critiquables.

D'abord, pour les substances naturelles, l'usage des probiotiques – les bonnes bactéries – devient plus fréquent. En renforçant la flore bactérienne, on anticipe un éventuel déséquilibre, attendu au vu des ingrédients « bizarres » que l'on trouve dans les croquettes (céréales, sous-produits, insectes, additifs). L'usage des fibres peu ou pas digestibles (lest, cellulose) est également une stratégie favorisant la digestion, plus exactement le bon moulage des selles.

D'autres substances plus contestables sont aussi utilisées, par exemple le yucca. Il s'agit d'une plante, elle n'est donc pas indiquée pour les carnivores, et elle est non alimentaire. On en trouve pourtant dans certaines préparations industrielles, car le yucca est une plante qui permet de rendre les matières fécales moins malodorantes. Quand on connaît cette propriété, on se demande pourquoi on devrait en mettre dans les croquettes, car si la nourriture est saine, les selles ont une odeur normale (ça ne sent pas la rose mais ce n'est pas non plus d'une puanteur anormale).

L'industriel sait qu'il utilise dans ses croquettes des ingrédients peu adaptés aux carnivores, et donc que la flore intestinale va être perturbée, ce qui occasionne des fermentations anormales, des bruits intestinaux, des pets fréquents, des gaz malodorants et des matières fécales plus nauséabondes qu'elles ne devraient l'être. Il anticipe donc ces fermentations anormales en ajoutant du yucca pour diminuer la puanteur des crottes, due à la digestion difficile et fétide des croquettes. Un peu comme si un restaurateur peu scrupuleux vous servait un plat suspect avec un comprimé d'anti-diarrhéique !

Enfin, d'autres substances sont ajoutées, sans parfois que l'on sache trop à quoi elles peuvent servir. On trouve souvent des fibres et autres pulpes : de la pulpe de betterave, de la pulpe de citron (les chats détestent pourtant les agrumes), du gruau d'avoine (enveloppes de céréales), de la farine de son de pois (le son est l'enveloppe végétale du pois)... Le but est peut-être d'aider l'animal à mouler des matières fécales qui auraient tendance à être trop molles, voire carrément liquides (« cacas mous », diarrhée) car les ingrédients que contiennent les croquettes sont peu digestes. Mais, concernant les autres substances, on peut se demander à quoi elles servent : des graines de psyllium (action de coupe-faim), du concentré de raisin (toxique !), du tapioca, des cosses de fèves...

Le problème des emballages

Si la nourriture industrielle humide (pâtées, terrines, sachets...) est fournie dans des emballages dont la plupart sont recyclables (barquettes et boîtes en alu, pack en carton...), à l'inverse, toutes les croquettes sont conservées dans des emballages en plastique, avec une fine couche argentée à l'intérieur[1] (aluminium ?).

De plus, cette nourriture est souvent servie dans des gamelles en plastique (contenant du bisphénol ou autre), lavées avec des savons ou des produits détergents pour lave-vaisselle... De quoi se poser encore beaucoup de questions sur les résidus absorbés à leur insu par nos animaux de compagnie.

Aussi, rien de tel que le principe de la gamelle naturelle, tant pour le contenu que le contenant : une alimentation saine proposée dans une gamelle simple, lavée et surtout bien rincée.

6) Y a-t-il trop de sucre dans les croquettes ?

Les céréales alimentaires sont fermentescibles et panifiables (on peut en faire du pain) grâce à l'une de leurs caractéristiques : elles contiennent beaucoup de sucres, surtout des sucres lents, c'est-à-dire des sucres complexes, autrement dit de longues chaînes de sucres (comme de longues chaînes de perles), mais... du sucre quand même !

La culture intensive des céréales a augmenté artificiellement cette quantité : avec des productions intensives, plus rapides, des récoltes annuelles plus fréquentes (sur des sols de plus en plus pauvres), les plantes ont moins le temps de fabriquer leurs molécules, ce qui

1 « Bisphenol A (BPA) in the serum of pet dogs following short-term consumption of canned dog food and potential health consequences of exposure to BPA », *Science of The Total Environment*, vol. 579, February 2017, p. 1804-1814.

explique leur appauvrissement en substances nutritives. De fait, elles contiennent de moins en moins de protéines, de vitamines, de minéraux, etc., au profit des sucres, qui sont très faciles à synthétiser par les plantes (car directement issus de la photosynthèse). Comme les croquettes contiennent beaucoup de céréales, surtout issues de cultures intensives, elles sont très riches en sucres (glucides).

Cela passe d'autant plus inaperçu que les fabricants insistent surtout, dans leurs messages publicitaires, sur les teneurs en protéines (sans préciser si ce sont des protéines animales ou végétales, mais c'est un autre problème).

De plus, les mentions réglementaires n'obligent pas les industriels à donner clairement les teneurs en sucres. En effet, les *petfooders* ont réussi à faire en sorte que les emballages précisent les teneurs des divers nutriments principaux... sauf les glucides. Le taux de glucides n'est donc pas écrit tel quel sur l'étiquette : on doit le calculer !

Par exemple, un aliment de départ étant égal à 100 %, on soustrait tous les pourcentages des différents composants, à savoir ceux de l'eau (très faible : 10 %), des protéines, des matières grasses, des cendres (minéraux) et de la cellulose (fibres non digestibles). Ce qui reste, c'est le taux de glucides. Alors, à vos calculettes pour les croquettes de votre animal !

Voici les constituants analytiques d'une marque de croquettes pour chat :

- Protéines brutes : 44 %
- Matières grasses brutes : 20 %
- Cendres brutes : 8,5 %
- Cellulose brute : 1,8 %
- Calcium : 1,5 %
- Phosphore : 1,3 %
- Acides gras oméga 6 : 3,3 %
- Acides gras oméga 3 : 0,9 %

NB : Si les constituants analytiques sont donnés en pourcentage de matière sèche (ce qui est le cas ici), on ne doit pas tenir compte de l'eau dans le calcul. De plus, le calcium ne doit pas être compté car il est inclus dans les cendres, idem pour le phosphore qui, lui, est compris dans les protéines, ainsi que les acides gras oméga 6 et 3, dans les matières grasses. Alors, pourquoi ajouter ces informations ? Il y a deux raisons possibles : soit les industriels ont ajouté ces substances pour compenser une composition trop pauvre, soit ils ont divisé les informations pour que le consommateur se trompe dans ses calculs et que le taux final de glucides paraisse moins élevé qu'en réalité. C'est ce qu'on appelle le « *splitting* ».

Reprenons notre calcul pour connaître le taux de sucres :

44 (protéines) + 20 (matières grasses)
+ 8,5 (cendres) + 1,8 (cellulose) = 74, 3
100 – 74,3 = 25,7
Il y a donc 25,7 % de glucides dans ces croquettes.

D'une façon générale, après calcul, on constate que les teneurs en glucides sont beaucoup trop importantes : 30, 40 et jusqu'à 50 % (voire plus pour certaines croquettes bas de gamme). Or, pour nos carnivores, ce taux doit représenter au maximum 15-20 % de la ration (pour le chat) ou 20-25 % (pour le chien). En réalité, les croquettes apportent donc jusqu'à deux fois plus de sucres que nécessaire ! De quoi rendre nos animaux gros, obèses et même diabétiques.

Comme d'habitude, certains industriels trouvent des astuces pour essayer de diminuer leurs chiffres, surtout quand ceux-ci sont trop hauts (et même s'ils ne sont pas obligés de les noter).

J'ai ainsi trouvé un exemple d'entourloupe (pour ne pas dire de « triche ») sur les étiquettes, pour induire le consommateur en erreur sur le vrai taux de sucres. Voici l'exemple chiffré d'une étiquette de croquettes pour chat :

- Protéines : 28 %
- Matières grasses : 15 %
- Glucides : 33 %
- ENA : 39,5 %

Vous me direz : « Les glucides sont notés » (alors que ce n'est pas obligatoire). Oui, mais dans ce cas, le fabricant l'a écrit pour tromper volontairement le client et le détourner du vrai taux ! Explications.

Concernant le taux de sucres (glucides), vous voyez directement 33 %. C'est beaucoup, mais cela peut sembler moins que pour certaines autres croquettes (pour lesquelles le taux monte parfois jusqu'à 40 ou 50 %). Vous pensez donc que ces croquettes sont meilleures car moins sucrées, mais c'est faux. Si on fait le total de tous ces taux, on dépasse largement 100 % (28 + 15 + 33 + 39,5 = 115,5), ce qui n'est pas possible... sauf si deux taux se « chevauchent ». Or, ici, c'est le cas : les deux taux qui ont trait au même type de nutriments sont ceux de la rubrique « Glucides » et celui de l'ENA. Pourquoi ? « ENA » signifie « extractif non azoté » et désigne les glucides en général !

Donc ENA = sucres totaux = sucres rapides (glucides) + sucres complexes (sucres lents comme l'amidon). Mais comme les gens ne savent en général pas ce qu'est l'ENA, ils ne voient que le mot « Glucides » avec le taux minimisé (33 %).

Ainsi, dans ce cas, le VRAI taux de glucides n'est pas de 33 %, mais c'est le chiffre d'en dessous qui est exact : celui de l'ENA ! Cet aliment contient donc 39,5 % de sucres (presque 40 %, soit presque la moitié des croquettes !), et non 33 % comme l'étiquette le laisse croire.

7) Les croquettes ont-elles des qualités nutritionnelles ?

Les croquettes : un mono-régime

« Les chiens et les chats doivent manger tous les jours la même chose. » C'est une phrase tellement ridicule qu'il suffit de la prononcer à voix haute pour se rendre compte de son énormité. À part quelques exceptions comme les koalas ou les pandas, deux animaux conçus pour un mono-régime particulier (respectivement pour une alimentation

exclusive en eucalyptus ou en bambou), les animaux en général ont un régime plus ou moins varié, adapté à leurs capacités digestives.

Non physiologique, ce problème d'alimentation « mono-régime » est accentué quand il s'agit des croquettes, dont vous commencez à comprendre qu'elles sont de qualité très discutable (même si elles semblent bonnes car votre animal les mange, mais c'est parce qu'elles sont rendues appétentes artificiellement).

En effet, en obligeant nos animaux familiers à consommer toujours les mêmes croquettes, on arrive à des problèmes de santé s'accentuant dans le temps : des signes de carences innombrables par manque de nutriments indispensables (vilain pelage, arthrose...), des accumulations de molécules problématiques, des excès bien spécifiques (calculs urinaires...), un stress interne, un animal fragile, plus sensible aux microbes, aux maladies chroniques, qui vieillit trop vite, qui se répare mal... Sans oublier la monotonie gustative, la lassitude du plat unique, toujours les mêmes morceaux de charbon desséché.

De plus, une nourriture standardisée – la même pour tous – n'a pas de sens, puisque les besoins de chacun sont très variables en fonction des morphologies différentes d'un individu à l'autre, des stades de la vie, de l'état de santé, des saisons, des activités... Aucun aliment ne peut être complet à lui seul, l'ensemble des nutriments nécessaires étant répartis entre diverses catégories d'ingrédients.

Le secret d'une alimentation équilibrée est donc sa *variété*. C'est l'ensemble des ingrédients des rations, sur plusieurs jours, qui apporte toutes les substances nutritives vitales, car en changeant le plat chaque jour, la plupart des nutriments sont absorbés sur la semaine. Et le microbiote de l'animal est alors à l'image de sa nourriture : riche et varié, assurant une flore intestinale « multiculturelle » indispensable.

Des qualités nutritionnelles déficientes...

Les croquettes manquent de beaucoup de nutriments, pour de nombreuses raisons déjà évoquées dans les points précédents. Pour les aliments complémentaires comme les féculents (les aliments principaux étant les produits carnés), le seul que l'on retrouve parfois dans les croquettes est le riz, le plus souvent sous forme de brisures, donc de faible qualité nutritive. En revanche, les légumes et les fruits sont quasiment absents.

En réalité, ce manque de qualité concerne tous les nutriments de base. Et, quand les industriels en rajoutent, c'est *via* des produits secondaires, des sous-produits voire des déchets, nutritionnellement nuls. Faisons un petit résumé.

Le manque de **produits carnés** de qualité (viandes, poissons, œufs, produits laitiers), notamment sous forme de « vraie viande », débouche sur des carences :

- en protéines animales, donc en certains acides aminés indispensables (taurine, lysine, acides aminés soufrés, tryptophane…) ;
- en matières grasses animales comme les oméga 3 et les oméga 6, dont certaines *doivent* être absorbées par nos animaux (graisses vitales) ;
- en certaines vitamines (vitamine A, vitamine D, vitamines du groupe B…) ;
- en minéraux et oligo-éléments, mieux absorbés quand ils sont d'origine animale (fer, zinc, calcium, magnésium…).

Les **sous-produits animaux** utilisés à la place n'apportent pas assez de bons nutriments, ni en qualité, ni en quantité. Vous êtes d'accord avec moi : on ne nourrit pas un chien ou un chat avec des carcasses de poulet, des becs, des pattes ou des plumes de volaille.

Les **céréales** manquent déjà normalement de plusieurs nutriments car elles sont naturellement pauvres en certains acides aminés, que l'on trouve plutôt dans les produits carnés. Il en est de même pour certaines vitamines, minéraux et oligo-éléments peu présents dans ces plantes (vitamine D, zinc, cuivre, fer, iode…).

De plus, comme nous l'avons vu, les céréales modernes sont sélectionnées pour grandir rapidement afin d'obtenir un meilleur rendement (croissance rapide = plus de récoltes chaque année = plus de rendement et de profit), et cette course à la productivité leur fait perdre une bonne partie de leur valeur nutritive au détriment de l'amidon et du gluten qui, eux, ont fortement augmenté. Or, ces deux substances sont problématiques chez nos animaux : les sucres font grossir et le gluten donne des inflammations diverses (dermatite des doigts, grattage, gastrite, diarrhée...).

Quant aux **sous-produits végétaux**, leurs apports sont encore plus misérables. De fait, sucer des tiges de blé ou avaler des enveloppes de céréales n'a jamais nourri un carnivore. Sans oublier que ce sont ces parties-là qui sont en contact direct avec les pesticides et autres produits chimiques épandus par l'agriculture intensive. Il y a donc trop peu de nutriments de qualité, et plutôt des substances controversées (cancérigènes...).

Et que penser des **poudres d'insectes** (mouches domestiques, vers de farine...) utilisées depuis quelques années dans les aliments pour animaux ? Difficile à dire car elles sont encore trop peu – ou pas – étudiées sur le plan nutritionnel. De toute façon, il n'y a pas grand-chose de bon pour nos petits carnivores de compagnie, qui ne sont pas des insectivores.

... et la tentative de compensation qui en découle

Dans le point précédent, nous avons vu que la nourriture industrielle manque de nutriments de qualité, indispensables aux chiens et aux chats. Certaines de ces substances manquantes sont ajoutées, mais artificiellement et pas de manière adéquate ! En effet, ces supplémentations se font sous forme de molécules synthétiques, c'est-à-dire des molécules chimiques très peu intéressantes car mal assimilées par l'organisme : conformations inadéquates, mauvaises formes chimiques des acides aminés... La lysine, par exemple, est incorporée sous forme

DL, donc une partie de forme naturelle et assimilable, et l'autre de forme chimique et mal absorbée[1].

Les minéraux et les oligo-éléments sont aussi ajoutés *via* des formes inappropriées : sels peu assimilables (sulfate de fer ou de zinc, qu'on appelle aussi « vitriol vert » et « vitriol blanc »), associations concurrentes diminuant leur absorption (du zinc avec du cuivre, par exemple).

Bref, les supplémentations se font pour respecter les normes mais elles n'améliorent pas du tout la qualité nutritive des croquettes.

8) Quels additifs trouve-t-on dans les croquettes ?

L'une des principales caractéristiques des additifs, c'est qu'on ne les trouve que dans les aliments industriels. En effet, on n'en utilise pas dans la cuisine familiale, donc ils sont absents de la nourriture saine, c'est-à-dire des plats maison. Autrement dit, si vous ne voulez pas en donner à votre animal, vous devez bannir les croquettes et autres pâtées industrielles de sa gamelle.

De très nombreux additifs sont classés suivant leur type d'action : les conservateurs et les antioxydants, les agents texturants (gélifiants, épaississants, stabilisants, émulsifiants, affermissants), les colorants, les arômes et les exhausteurs de goût, les édulcorants, les agents d'enrobage, les agents de charge, les poudres à lever, les amidons modifiés, les enzymes, les anti-agglomérants et beaucoup d'autres.

1 Dans la nature, il existe des molécules sous deux formes différentes, exactement comme des gants : les gauches et les droits. Mais les deux formes ne sont pas interchangeables : le gant gauche ne va pas à la main droite et inversement. Pour les animaux, c'est pareil : certaines molécules doivent par exemple être comme un gant droit, mais si on leur donne un gant gauche, cela n'ira pas ! Malheureusement, les industriels ajoutent les molécules sous les deux formes (DL = une bonne et une mauvaise), or l'animal ne sait utiliser correctement qu'une partie de ces ajouts ! Par exemple, pour la lysine : la bonne forme est la L-Lysine, naturelle et assimilable, tandis que l'autre forme est la D-Lysine, chimique et non utilisable.

NB : Pour plus d'explications, je vous renvoie à mon livre précédent, où les additifs sont vus plus en détail (*Nos chiens et chats malades de leurs croquettes*). Il faut éviter ces additifs car ces polluants alimentaires, présents en quantité dans l'alimentation industrielle de nos chiens et de nos chats, ont des inconvénients majeurs.

Tromperie sur la marchandise

Les gens pensent qu'en donnant de la pâtée au poulet, des croquettes au bœuf puis de la terrine au poisson, ils varient et donnent réellement du poulet, du bœuf puis du poisson à leur animal de compagnie. Grossière erreur ! Ils donnent en réalité chaque jour le même type de nourriture industrielle, mais goût « poulet », goût « bœuf » puis goût « poisson ».

La production se fait sur une même chaîne de fabrication générale (regardez la composition : elle est quasiment la même pour les divers produits d'une même marque, à un ou deux détails près). La différence de gamme ne résulte que de deux choses :

- les pourcentages infimes de poulet, bœuf ou poisson (ou, plus exactement, de sous-produits de poulet, bœuf ou poisson), c'est-à-dire moins de 4 % de la composition de l'aliment ;
- et, surtout, l'utilisation des additifs de goût et de couleur : l'additif « goût poulet », « goût bœuf » ou « goût poisson », ainsi que les colorants dont par exemple le rouge évoque le bœuf ou le vert, les légumes (même quand il n'y a AUCUN légume dans la composition).

De plus, depuis peu, avec les nouveaux composants problématiques, à savoir les poudres d'insectes, l'usage des additifs est augmenté et justifié : il faut bien ajouter des goûts artificiels de bœuf et de fausses odeurs de poulet pour masquer ces poudres d'insectes, qui sont très loin d'avoir le goût de bœuf ou de sentir le poulet ! Les industriels vont donc avoir la main bien lourde avec les additifs, pour arriver à tromper l'odorat développé et le goût parfois raffiné de nos animaux de compagnie.

Retenez donc que, pour une même marque de croquettes, les différents goûts ne sont pas synonyme de variété, mais juste une question de quelques grammes de sous-produits et, surtout, de beaucoup d'arômes artificiels et de colorants.

Rendre les animaux « accro » et augmenter leur consommation

Certaines substances rendent les animaux particulièrement « accro » (même processus de dépendance que les êtres humains avec les drogues). Par exemple, le chat peut vite développer une dépendance au foie, au thon ou au fromage (de chèvre, surtout).

Cela n'a rien de méchant en soi… Sauf si ces préférences alimentaires sont utilisées par les industriels comme additifs pour masquer la pauvreté de la composition alimentaire et forcer artificiellement l'animal à manger des croquettes de qualité médiocre.

Chaque marque développe son propre mélange d'additifs, pour que l'animal soit accro à ses propres croquettes (et rien qu'aux siennes). Ainsi, le propriétaire n'achète pas les aliments des marques concurrentes ! Et les enjeux, pour les quelques *petfooders* existants, sont colossaux, puisque les chiffres des ventes se comptent en milliards d'euros.

Avez-vous remarqué que certains animaux ne veulent manger qu'une seule marque de croquettes, et qu'il est inutile de leur en donner d'autres ? Ils n'en veulent pas (voir la question 22 « Comment passer mon animal à l'alimentation naturelle ? » pour savoir comment « désintoxiquer » votre animal). C'est dû à ce mélange d'additifs typique de chaque marque, comme une sorte de « mélange signature ». C'est en fait un verrouillage alimentaire : l'industriel « verrouille » le consommateur à son produit en développant la dépendance à sa composition (et, plus exactement, à son mélange typique d'additifs). Une façon bien vicieuse de fidéliser les clients. C'est pareil chez les êtres humains : vous préférez tel type de soda et pas un autre, telle marque de chips et pas une autre. Le même processus de dépendance s'installe *via* la composition, et surtout les additifs. C'est maintenant quelque chose de bien connu pour la consommation humaine, alors les industriels ne vont certainement pas se gêner pour la nourriture des animaux! L'animal est ainsi coincé entre le paradoxe d'un aliment qui ne lui convient pas mais qui est artificiellement irrésistible.

En plus de cette dépendance à telle ou telle marque, ce procédé du mélange d'additifs, typique de chaque fabricant, favorise aussi la consommation voire la surconsommation, donc les ventes et les profits. Par exemple, vous et votre paquet de chips: une fois commencé, vous ne pouvez plus vous arrêter et vous devez le finir, en une fois. «Quelque chose» vous y pousse. Merci qui? Merci les additifs...!

Des produits chimiques et des maladies

Il y a des additifs naturels, mais la plupart sont synthétiques, autrement dit chimiques, non naturels. Et la majorité fait polémique, car à l'origine de problèmes de santé divers et variés, souvent graves.

Certains stimulent anormalement l'appétit sans rassasier l'animal, entraînant une dépendance (additifs à base d'extraits de foie, de poisson, de fromage, voir ci-dessus). L'animal est insatiable, il mange beaucoup plus qu'il ne devrait car «il ne sait plus s'arrêter», ou bien il grignote sans arrêt. Dans les deux cas, cela débouche sur une boulimie néfaste, puis sur un surpoids et ses conséquences: diabète, arthrose, problèmes de cœur, de foie, de pancréas...

Plus gênant: on incrimine beaucoup d'additifs dans des pathologies diverses comme les allergies, les inflammations, les intolérances alimentaires, et ils auraient aussi un effet cancérigène... Mais ces suspicions restent ardues à prouver car la difficulté réside dans le décalage entre la prise de l'additif et l'apparition de la maladie, ne permettant pas d'établir facilement un lien direct de cause à effet.

Quoi qu'il en soit, on sait que l'absorption de substances chimiques sera toujours plus mauvaise que celle de molécules naturelles.

Accumulation et « effet cocktail »

Deux phénomènes provoquent et amplifient les conséquences néfastes des additifs.

D'une part, **l'accumulation**. Quand on mange des produits chimiques tous les jours, l'organisme les transforme pour les éliminer *via* le foie et les reins. Mais comme ces produits sont apportés en quantité, et ce, chaque jour, le corps ne suit plus et n'arrive plus à les éliminer aussi rapidement qu'ils sont absorbés. Ils sont alors en attente d'élimination et stockés : c'est l'accumulation. Ce stockage se fait surtout dans les tissus gras du corps, dont le système nerveux, le tissu sous-cutané, la graisse abdominale... Petit à petit, les produits ainsi stockés s'oxydent et enflamment les tissus locaux, provoquant des micro-inflammations dans le cerveau (crises d'épilepsie) ou sous la peau, à l'origine de dermatites et de grattage intempestif (comme si l'animal avait des puces, mais il n'en a pas).

D'autre part, ces divers produits peuvent se mélanger entre eux et se recombiner chimiquement. Le produit A se transforme et peut se lier au produit B sous l'effet du métabolisme et de réactions chimiques aléatoires, produisant un produit C, non ingéré mais bien présent dans l'organisme. C'est la recombinaison chimique. Comme ces recombinaisons sont hasardeuses, on ne les connaît quasiment pas, mais on sait très bien qu'elles existent. Un peu comme divers ingrédients mélangés qui donnent des résultats parfois surprenants, de la même façon que dans un cocktail. C'est d'ailleurs pour cette raison qu'on l'appelle **« l'effet cocktail »**.

Ces deux effets – accumulation et effet cocktail – coexistent dans l'organisme et génèrent donc de véritables « bombes à retardement » : des additifs chimiques s'accumulent et se recombinent entre eux, créant de nouvelles molécules certainement tout aussi toxiques, peut-être même davantage, encore moins identifiables que les substances d'origine.

On peut aussi illustrer ces deux notions avec les métaux lourds. Si on mange tous les jours du poisson contenant, par exemple, du plomb, on absorbe du plomb jour après jour, à chaque ingestion de poisson. C'est l'accumulation. Si un autre aliment contient du cadmium, un autre aliment de l'arsenic et encore un autre du mercure, ces divers métaux s'accumulent ET se recombinent entre eux. C'est l'effet cocktail.

Pour les additifs, c'est exactement la même chose, mais en pire, car il y a des milliers d'additifs (beaucoup plus que de métaux lourds) et donc des possibilités de recombinaison infinies. Un cocktail chimique... ultra-explosif !

Bref, en mangeant des aliments industriels, l'organisme est multi-contaminé par des substances chimiques variées, accumulées et même recombinées. Tout cela est source de multiples dangers pour lui.

Des perturbations hormonales

Comme leur nom l'indique, les perturbateurs endocriniens (PE) perturbent l'organisme. Et pas n'importe comment : ils perturbent les hormones (le système endocrinien désignant les différents organes hormonaux du corps). Or, dans l'organisme, les hormones sont très nombreuses, avec des rôles variés et très importants. Ces substances sont synthétisées par des glandes comme la thyroïde, les glandes surrénales, les glandes génitales (ovaires, testicules), les glandes digestives (pancréas)...

Quelles sont les molécules troublant ainsi les hormones ? La plupart des additifs de la nourriture industrielle... On y revient toujours ! Les additifs de type « PE » déséquilibrent le système hormonal de l'animal qui en mange régulièrement, après seulement quelques semaines ou quelques mois d'ingestion.

Les hormones ainsi bouleversées détraquent le métabolisme de l'animal et le rendent malade : diabète, problèmes de thyroïde (certains additifs sont goitrogènes, donc générateurs de goitres), maladies touchant les surrénales (Cushing, Addison), problèmes d'hypophyse, troubles du comportement (nervosité, hypersensibilité-hyperactivité ou « HS-HA »...), tumeurs sexuelles (glandes mammaires, ovaires, prostate)...

La nourriture industrielle explique donc l'explosion des maladies hormonales chez nos compagnons ces dernières années. La grande majorité des animaux nourris naturellement ne connaît pas ces problèmes hormonaux, qui peuvent même disparaître quand on passe des aliments industriels à la nourriture maison.

Vieillissement prématuré, tumeurs et mortalité précoce

Comme les additifs sont aussi potentiellement cancérigènes, ils sont responsables de nombreuses formes de tumeurs, touchant malheureusement nos animaux de compagnie de plus en plus souvent, et de plus en plus jeunes. Un exemple connu chez l'humain : le dioxyde de titane (E 171), agent blanchissant des dentifrices, récemment interdit car cancérigène. Mais ne vous leurrez pas : c'est pareil chez les animaux, même si on ne connaît pas encore tous les effets nocifs des additifs utilisés dans le *petfood*.

De plus, ces produits chimiques polluent l'organisme qui doit les éliminer et se détoxifier, entraînant des complications secondaires non négligeables : problèmes digestifs, foie engorgé, maladies de surcharge... Résultat : un organisme qui s'use prématurément, qui fonctionne mal et vieillit plus vite.

Additifs non mentionnés sur les étiquettes

Des additifs néfastes sont utilisés régulièrement dans l'alimentation animale comme le BHA ou butylhydroxyanisol (E 320) et le BHT ou butylhydroxytoluène (E 321), qui sont les plus connus, mais il en existe beaucoup d'autres.

Malheureusement, si la législation pour l'alimentation humaine oblige les fabricants à les mentionner sur l'étiquette, ce n'est absolument pas le cas pour les industriels du *petfood*, qui peuvent faire ce qu'ils veulent sans devoir rendre des comptes... pour l'instant! Espérons qu'un jour cela changera, même si le plus simple serait d'en interdire carrément l'usage!

Si l'on veut échapper au maximum aux maladies provoquées par les additifs, une solution simple existe: *« Moins on mange industriel, moins on avale d'additifs. »* Autrement dit, pour votre animal: *« Moins il mangera de croquettes, mieux il se portera! »*

9) Puis-je me fier aux étiquettes?

Une liste des ingrédients opaque et incomplète

Le moins que l'on puisse dire, c'est que la composition des aliments industriels est très loin d'être transparente. Il y a bien un étiquetage obligatoire, avec des mentions dont certaines sont légales et d'autres facultatives, mais cela ne suffit pas à expliquer clairement ce que contient vraiment la nourriture produite en usine.

Pire: voici quelques années, quand la législation sur l'étiquetage pour le *petfood* a été réactualisée, les industriels ont réussi à obtenir plusieurs avantages qui leur convenaient. Ainsi, les fabricants ont eu droit de regard – et de décision – sur les réglementations concernant les informations figurant sur les emballages, dont les mentions obligatoires qu'ils devaient ou non spécifier, le degré de précision de la composition ou même la façon de dénommer les ingrédients. Autrement dit, ils ont choisi eux-mêmes ce qu'ils voulaient écrire ou non sur leurs produits.

Or, de fait, les mentions des étiquettes – même celles qui sont légales et obligatoires – restent relativement vagues, imprécises ou incomplètes au vu des données nutritionnelles qu'il serait intéressant de connaître. Ces mentions devraient normalement garantir la clarté de l'information pour les consommateurs... À se demander si les fabricants veulent vraiment informer les clients!

D'ailleurs, une étude a montré que 40 % des étiquettes du *petfood* comportent des erreurs. Quelques exemples de défauts concernant les mentions obligatoires :

- termes vagues, englobant beaucoup de composants de qualité très différente ou discutable (céréales, sous-produits... mais lesquels ?) ;
- informations manquantes (pourcentages non précisés pour les différents ingrédients, additifs non spécifiés, taux de glucides ou pH non précisés...) ;
- pas de précision concernant la qualité des ingrédients ou des nutriments (exemple pour les protéines : végétales ou animales ?) ;
- pas d'informations quant aux sources (origine géographique, OGM...).

De plus, toujours pour ce qui est des mentions obligatoires, leur imprécision est telle qu'elle relève presque du mensonge ou de la volonté délibérée de cacher des ingrédients polémiques. Par exemple, le fait de ne pas préciser la nature des protéines, sans obligation de différencier les sources animales ou végétales, détail pourtant très important pour les carnivores. Ou encore, la non-obligation de citer tous les additifs, très nombreux et si discutables (conservateurs, arômes...).

Quant aux poudres d'insectes, pour l'instant, elles ne sont jamais nommées telles quelles dans la composition, malgré leur utilisation. En effet, je n'ai encore jamais vu le terme « insectes » sur la moindre étiquette... Et cela ne se fera sans doute pas de sitôt, car ce n'est pas très vendeur pour nourrir des chiens ou des chats ! On peut cependant supposer qu'elles sont englobées dans le vocable très vaste de « sous-produits animaux ».

Ce manque délibéré d'informations nutritionnelles importantes est largement compensé par les mentions facultatives qui, elles, sont totalement libres. Ce sont toutes les phrases, les images et les photos illustrant les emballages.

Exemple : si les croquettes X contiennent surtout des céréales et seulement quelques grammes de poulet (moins de 4 %, et encore... ce sont des plumes, des pattes et des carcasses !), le fabricant va se faire un plaisir de mettre une grande photo d'une belle grosse cuisse de poulet sur le paquet ! Tout cela pour attirer l'attention et induire volontairement l'acheteur en erreur.

Pour résumer : il n'est pas facile de savoir exactement ce que contiennent les produits industriels, mais c'est encore plus difficile quand l'étiquetage est trop vague, incomplet ou même erroné.

Ainsi, les fabricants trompent sciemment les consommateurs (les animaux) par les additifs, et ils abusent les acheteurs (vous) par de belles images sur l'emballage et des publicités très esthétiques mais mensongères (voir également la question 6 sur l'excès de glucides).

Des quantités journalières largement surévaluées

Bien que les portions ne paraissent pas grandes, les quantités conseillées à donner chaque jour sont très souvent surévaluées : cela fait augmenter les ventes. De plus, à cause de la composition des croquettes, trop riches en sucres et en mauvais gras, même si votre animal mange peu, il grossira. Résultat : 100 grammes de croquettes semblent peu, mais quand on sait qu'elles contiennent 40 % de sucres, c'est trop !

L'autre phénomène qui participe à cette surconsommation de calories est la nourriture à volonté (*ad libitum*). Ce n'est pas écrit tel quel sur le paquet, mais en mentionnant la dose journalière sans préciser le nombre de repas conseillé, les fabricants le laissent sous-entendre. Et, depuis quelques années, le bol rempli de croquettes laissées en libre-service toute la journée est malheureusement devenu la norme. C'est une très mauvaise habitude, mais que tout le monde a adoptée. La conséquence en est que, avec un grignotage perpétuel, l'animal en consomme beaucoup plus qu'il ne devrait.

À cause de ce surdosage donné à volonté, combiné à la présence d'additifs particulièrement accoutumants, même addictogènes, certains animaux deviennent des mangeurs compulsifs voire des pervertis alimentaires, des boulimiques insatiables, souvent incapables de reconnaître un morceau de poulet et ne voulant s'empiffrer que de croquettes, de façon parfois obsessionnelle. Tout cela se concrétise par une obésité en augmentation chez nos animaux familiers, néfaste pour leur santé mais parfaite pour le chiffre d'affaires toujours croissant des multinationales.

Pour savoir combien de repas donner chaque jour et avoir des informations concernant les quantités de nourriture normales, je vous renvoie aux questions 49, 51 et 52.

10) Que penser des gammes de croquettes ?

En plus des aliments classiques, les fabricants s'amusent régulièrement à inventer des variantes supplémentaires et totalement superflues :

- les aliments « *premium* », pas vraiment meilleurs que les croquettes habituelles – même s'ils l'annoncent fièrement – mais plus chers ;
- les versions « spécial animal stérilisé » ;
- les versions « spécial race » : croquettes pour yorkshire, shih-tzu, labrador...

Les producteurs débordent d'imagination pour créer de prétendus nouveaux besoins, mais ces croquettes spéciales n'apportent jamais rien de plus. Au contraire. Voyons cela plus en détail.

Prenons tout d'abord les aliments « spécial animal stérilisé ». Qu'il soit chien ou chat, mâle ou femelle, l'animal stérilisé n'a pas de besoins différents de ceux d'un animal adulte non stérilisé. Il doit juste manger un tout petit peu moins puisque, étant sans hormones sexuelles, il consomme un tout petit peu moins d'énergie (pas de recherche de partenaire, pas d'activité sexuelle, sédentarité...). Mais cette diminution est faible : de l'ordre de 5 à 10 % au maximum. Cela ne justifie pas un changement de régime ou l'utilisation de croquettes encore plus médiocres car plus riches en sucres (mais plus chères !). L'idée que tout animal stérilisé devient d'office gros si l'on ne lui donne pas de nourriture spéciale est fausse, mais tellement bien ancrée... En effet, l'animal devient gros non pas parce qu'il est stérilisé, mais parce qu'on lui donne ces croquettes spéciales ! Les proportions de 30 à 40 % de surpoids touchant les animaux domestiques sont donc surtout dues aux croquettes, mais pas réellement à la stérilisation (à ce sujet, lire aussi la question 81).

Voyons maintenant les gammes de croquettes qui diffèrent suivant le poids de l'animal. Un animal de 10 kg devrait manger différemment d'un animal de 50 kg, ce qui justifierait des croquettes différentes. Bien sûr que non ! Cela voudrait dire que quelqu'un de 50 kg doit manger différemment de quelqu'un de 100 kg. Vous comprenez que cette idée est stupide. La seule différence est la quantité avalée : un grand mange plus qu'un petit. Mais il n'y a aucune incidence sur le type de repas. Un chihuahua mange pareillement qu'un rottweiler, il doit juste manger moins, avec des bouchées plus petites, mais les repas sont les mêmes. Inutile, donc, d'avoir des croquettes « spécial taille » (moins de 5 kg, plus de 50 kg...), pour lesquelles les fabricants ont aussi prévu un prix bien « spécial »...

Enfin, un nouveau type de croquettes est apparu : les gammes « spécial race » comme pour le yorkshire, le shih-tzu, le bouledogue, le labrador... C'est un peu le même style d'arnaque que pour le cas précédent. Un caniche n'a pas de besoins alimentaires différents de ceux d'un setter ou d'un beauceron, si ce n'est éventuellement la taille des croquettes pour les petits chiens. Ici, les industriels jouent vraiment sur la fibre émotionnelle des propriétaires, dont certains sont particulièrement attachés à l'une ou l'autre race. Un amateur de shih-tzu « craquera » sur ce nom et la photo d'un chien de cette race sur un paquet, sans regarder la qualité réelle du produit ou son prix. Les spécialistes du marketing le savent bien et en profitent.

À ce train, on aura bientôt des aliments suivant la couleur des chiens, la longueur des oreilles, la taille des coussinets ou le nombre de taches... ! N'importe quoi !

Retenez que, pour le *petfooder*, une règle simple est toujours vraie : plus la gamme est particulière, plus le prix grimpe, mais plus la qualité diminue (sans oublier les additifs car, comme par hasard, la nourriture spécifique devient plus attractive et addictive). Dans le même registre, je vous renvoie à la question 15 sur les croquettes personnalisées.

11) Pourquoi les industriels font-ils de la nourriture si néfaste ?

L'industrie du *petfood* est apparue voilà une centaine d'années et les croquettes il y a une cinquantaine d'années, et leur promotion est très importante depuis environ vingt ans. Par le passé, il existait de petites industries assez modestes, de taille familiale, dont la production était relativement faible et locale. Puis, par le jeu des rachats et des fusions, la majorité de ces petites usines sont tombées dans le giron des grands groupes agroalimentaires, dont certains sont des céréaliers importants.

Durant les deux dernières décennies, grâce à des plans marketing et commerciaux de haut vol, le *petfood* a connu une percée formidable – pour ne pas dire fulgurante – sur le marché très juteux des animaux de compagnie, avec une véritable flambée depuis dix ou quinze ans.

Question gammes, dans le passé, on achetait surtout des boîtes. Mais, les croquettes étant beaucoup plus rentables (car plus faciles à fabriquer avec des ingrédients de qualité médiocre), elles ont été promotionnées à outrance, avec le résultat actuel : la majorité des animaux de compagnie ne mangent plus que cela. De fait, dans les magasins, les linéaires de croquettes sont bien plus longs que le rayon des boîtes, ces dernières ayant même tendance à disparaître, remplacées par les sachets, plus rentables car beaucoup plus chers.

Actuellement, la majorité des marques de *petfood* appartiennent à deux ou trois grands acteurs principaux, qui tiennent quasiment tout le marché mondial entre leurs mains. Cela représente quelques milliards... En effet, toutes ces stratégies commerciales ont permis à ces quelques multinationales de devenir monstrueuses, tentaculaires avec leurs ramifications innombrables et leur quantité gigantesque de produits vendus (les croquettes sont déclinées à toutes les sauces), aux chiffres d'affaires faramineux et aux profits mirobolants. Imaginez : la nourriture industrielle est avalée par les chiens et chats de tous les pays, dans le monde entier, ce qui représente un marché colossal de plusieurs dizaines de milliards d'euros.

Ce qu'il faut comprendre, c'est qu'avec une telle omniprésence et tant de moyens financiers, ces firmes constituent des lobbies extrêmement puissants, très actifs auprès des instances officielles (et remontant très, très haut dans les échelles de décision) pour faire passer les réglementations qui leur conviennent, avec des textes qui leur sont favorables, d'autant que la majorité de ces textes de lois et décrets se basent sur les dossiers et les informations fournies par ces mêmes industriels.

Même les dossiers de certains magazines de consommateurs – que l'on croit sincères – sont établis avec les données fournies par la FACCO (l'association des fabricants de *petfood*). Alors, comment avoir de bonnes études de marché et des critiques objectives au sujet de l'alimentation animale ? Cela laisse le champ libre aux industriels pour décider de la pluie et du beau temps dans les gamelles de nos compagnons, comme ils le veulent.

Des entreprises tentaculaires aux moyens financiers importants

Les industriels du *petfood* sont donc d'énormes « machines », des « mastodontes », comme on les appelle, parmi les groupes financiers les plus grands, les plus imposants et les plus puissants au monde (je n'exagère rien : regardez leurs chiffres d'affaires).

L'un de mes professeurs disait déjà il y a trente ans : « Il y a trois industries qui gagnent le plus d'argent au monde : les trafiquants d'armes, les fabricants de préservatifs (on était alors en plein début des « années sida ») et les industriels du *petfood* ». C'était vrai il y a trente ans, et c'est encore plus vrai aujourd'hui pour les *petfooders*.

« Ils » ont les moyens d'être partout et de faire ce qu'ils veulent. Ils n'inondent pas le marché, ils le dominent. Ils dominent même TOUS les professionnels animaliers (éleveurs, vétérinaires, toiletteurs, presse animalière, publicités télé, concours, expos...). Voici quelques exemples.

Chez les éleveurs, les firmes se sont bien incrustées grâce à des contrats de partenariat exclusif pour leur publicité et/ou pour fournir des aliments gratuits (et c'est bien compréhensible, car cela représente un important budget annuel pour les éleveurs), mais également avec des gadgets qui servent plus les intérêts des fabricants que la santé des animaux : coffrets « croissance » pour chiot, paquets « démarrage » et autres « kits chaton ». En faisant croire aux éleveurs – et aux futurs maîtres – qu'ils leur offrent de beaux cadeaux (et même un « privilège »), les industriels arrivent en fait à formater les éleveurs, à les manipuler pour que ces derniers deviennent leurs vendeurs (mais sans salaire) ! Les arguments sont fallacieux : « C'est pour rendre service au nouveau propriétaire » (en lui donnant le bon paquet qu'il continuera à utiliser automatiquement), « c'est pour l'équilibre nutritionnel du chiot ou du chaton », « pour ne pas faire de cassure alimentaire », etc.

Ces industriels ont donc réussi à multiplier leurs forces de vente sans engager de nouveau personnel. Mais, en parallèle, la santé de nos compagnons ne s'est jamais autant dégradée. En effet, il n'y a jamais eu autant de problèmes de peau, de diarrhée, d'obésité, d'allergie, de diabète, de troubles cardiaques ou thyroïdiens, de tumeurs... que maintenant. Et même chez des animaux de plus en plus jeunes, dès l'âge de 4 ou 5 mois ! On ne peut donc pas continuer à fermer les yeux ni à se taire.

Les éleveurs ou les autres vendeurs sont-ils responsables de la piètre qualité des croquettes qu'ils fournissent ? Bien sûr que non. Mais en continuant à les vendre, ils participent à cette « machine commerciale ». Cela fait s'interroger sur le rôle et la responsabilité de chacun.

Chez les vétérinaires aussi, les techniques de marketing sont très au point. N'importe quelle conférence ou formation sur la nutrition est toujours sponsorisée par une firme d'aliments qui promotionne évidemment les produits qu'elle vend (colloque de dermatologie avec les aliments « anti-gratouille », conférence sur les allergies pour des croquettes spéciales, séminaire de gastro-entérologie pour les aliments anti-diarrhée...).

Difficile alors – voire impossible – d'avoir des informations claires, objectives et neutres sur les vraies causes de ces maladies. On peut légitimement mettre en doute la qualité des informations qui y sont dispensées : conflits d'intérêts, études tronquées, résultats manipulés, informations manquantes, messages dirigés, solutions tendancieuses, traitement « miracle »...

Les aides sont également directes, matérielles et/ou financières :

- promotions fréquentes pour pousser à la consommation, avec des bénéfices proportionnels aux ventes ;
- « partenariat » pour l'installation de la salle d'attente, avec décoration des salles et des linéaires (évidemment remplis d'aliments de la marque qui a donné le coup de pouce) ;
- conseils et matériel marketing pour soi-disant informer et fidéliser les clients (fiches de rappel, formulaires postopératoires avec conseils pour une gamme alimentaire, carnets pour le suivi de santé...) ;
- campagnes à thème pour se rappeler au bon souvenir du client (la semaine du chiot, le mois de la santé bucco-dentaire, les diverses campagnes de prévention...).

Le tout sponsorisé et à l'image du *petfooder* concerné... Que penseriez-vous d'un médecin qui aurait des brochures de McDo dans sa salle d'attente ? Ou des publicités de Coca-Cola au mur ? Ou d'une clinique qui vous donnerait le compte rendu de votre bilan de santé sur une fiche avec le logo de Pizza Hut ?

On comprend pourquoi et comment les professionnels des animaux (vétérinaires, éleveurs...), tenant sincèrement à la santé de ces derniers, sont eux-mêmes trompés par des informations incorrectes et des conseils erronés voire mensongers, sans oublier les cadeaux et autres gadgets marketing.

Il semblerait que les étudiants des filières animales soient les prochaines cibles à approcher, notamment avec l'idée de sponsoriser leurs formations. Comment voulez-vous, alors, ne pas vous sentir redevable – à vie – de ceux qui vous auront payé une partie ou la totalité de vos études ?

Au vu de toute cette communication très étudiée, les fabricants veulent nous donner l'impression qu'ils sont de véritables spécialistes de la nutrition animale (ils osent même s'autoproclamer comme tels !), qu'ils ont toutes les solutions (mieux que les vétérinaires), que leurs produits sont exceptionnels et que les animaux ne peuvent dorénavant plus s'en passer.

Je vous rappelle quand même que ceux qui produisent ces aliments sont avant tout des industriels appartenant à des multinationales gigantesques, très loin d'être des philanthropes.

Des messages bien dirigés

En fournissant des informations et des services, les grands groupes « dirigent » les messages – et les clients – vers les objectifs qu'ils se sont fixés. Un exemple récent, vraiment flagrant : les publicités concernant les problèmes bucco-dentaires des animaux. Bien sûr, il faut traiter le tartre des chiens et des chats. Mais les industriels proposent *leur* solution magique : les barres à mâcher. Ils les vantent comme procurant la pleine santé bucco-dentaire à votre chien, vous conseillant même d'en donner au moins une par jour (bonjour les ventes !). De fait, les ventes ont grimpé en flèche en quelques mois.

Les fabricants ont donc réussi à imposer leur produit et à nous faire croire que ces barres étaient indispensables, alors qu'elles n'existaient même pas il y a seulement quelques années. Cependant, ils passent sous silence le fait que ces barres à mâcher sont bourrées de céréales, donc de gluten, et d'additifs chimiques, donnant du prurit et des grattages intempestifs à bon nombre de chiens. À terme, votre animal en sera plus malade que sa bouche n'en sera assainie.

La seule bonne façon d'avoir une bouche bien fraîche, c'est de manger de bons aliments naturels, favorisant une excellente flore intestinale et buccale, assez acide pour empêcher la plaque dentaire de s'installer et le tartre de se former. Pour cela, vive les yaourts, provenant de préférence des petits producteurs locaux et pas des grands groupes industriels !

Depuis des années, les industriels ont aussi réussi à faire passer dans les mœurs beaucoup d'idées absurdes et des concepts loufoques mais toujours rentables pour eux, sans que personne, ou si peu de monde, n'ose les mettre en doute. Maintenant, tout le monde croit – à tort – que :

- **l'animal doit manger à volonté,**
- **le chat mange 10 à 12 repas par jour,**
- **le lait, c'est mauvais,**
- **les animaux ne doivent pas manger comme nous,**
- **s'ils mangent comme nous, ils seront carencés,**
- **il faut toujours donner la même alimentation unique,**
- **un animal stérilisé doit manger des croquettes spéciales…**

Quel est leur but ?

Une question cruciale me taraude depuis longtemps : *pourquoi ?*

Les fabricants savent qu'ils font de la « bouffe de merde », comme l'aurait dit le regretté Jean-Pierre Coffe, donnant beaucoup de problèmes de santé[1].

Les croquettes détraquent nos chiens et nos chats, voire les tuent. Et c'est de pire en pire ces dernières années (additifs, insectes…). Les industriels ne le disent pas mais ils le savent très bien. Alors pourquoi scier – semble-t-il – la branche sur laquelle ils sont assis ? Autrement dit, pourquoi continuer à faire volontairement de la nourriture qui rend nos animaux malades ? La raison est très simple : l'argent. Et ils ne

1 Je vous renvoie au chapitre 4 de ce livre ou encore à mon précédent ouvrage, *Nos chiens et chats malades de leurs croquettes*, qui répertorie dans le détail toutes les maladies liées à l'alimentation industrielle.

reculent devant rien pour en avoir toujours plus, comme l'illustrent les informations surprenantes que voici. Vous vous ferez votre propre idée.

Comme nous venons de le voir, les *petfooders* se sont immiscés dans toutes les filières animales, se plaçant d'abord comme sponsors ou collaborateurs puis, progressivement, comme partenaires et, enfin, s'imposant comme soi-disant « chefs de file » incontournables concernant l'alimentation de nos chiens et de nos chats.

Ainsi, petit à petit, ils ont « forcé la main » aux professionnels animaliers qui n'ont plus vraiment leur libre arbitre ou qui ont du mal à garder leur sens critique face à ce marketing omniprésent, tantôt flagrant, tantôt insidieux mais toujours très efficace. De fait, plus personne n'ose remettre en question la qualité des croquettes et tout le monde « gobe » leurs messages.

Mais un phénomène récent et peu connu est en train de se dérouler : tout comme aux États-Unis et en Grande-Bretagne, les vétérinaires de France se regroupent de plus en plus dans de grandes cliniques. Celles-ci comptent jusqu'à dix, quinze, vingt vétérinaires ou plus, et autant d'assistants (secrétaires, « ASV » ou assistantes secrétaires vétérinaires…). Dernièrement, de gros groupes financiers ont commencé à les racheter. Ainsi, un groupe peut avoir la main sur plusieurs centaines de vétérinaires en France.

Or, ces groupes visent le rachat de la majorité des vétérinaires du pays sur les cinq prochaines années[1], et ils sont bien partis pour y arriver (excepté les vétérinaires qui ne veulent pas rentrer dans ce système et rester indépendants).

Avec ce type de management, et même si les multinationales le démentent, il est évident que ce sont les aspects économiques qui vont primer (achats groupés de médicaments, standardisation des

1 Frayssinet Lucile, *Évolution des modèles d'affaires vétérinaires en France et dans le monde : Focus sur les animaux de compagnie*, thèse d'exercice, Médecine vétérinaire, École nationale vétérinaire de Toulouse – ENVT, 2019, 96 p.

protocoles, uniformisation des traitements...), ce qui interroge sur la liberté d'exercer des vétérinaires ou sur leur libre arbitre.

Au détour d'un article[1], je lis qu'un de ces groupes qui rachètent les cliniques vétérinaires a été, en 2018, lui-même racheté par l'un des plus gros *petfooders* du marché, avec l'autorisation de l'Union européenne. Autrement dit, les fabricants de croquettes rachètent les cliniques vétérinaires !

Imaginez qu'un gros leader du fast-food et un grand producteur de sodas s'allient pour racheter des hôpitaux : n'espérez pas qu'ils fassent des produits plus sains après... cela ne leur amènerait aucun patient dans leurs hôpitaux ! C'est le même principe pour les industriels du *petfood* : ils ont tout intérêt à ce que nos animaux soient mal nourris et à ce qu'ils tombent malades, car il faudra bien remplir leurs centres de soins.

C'est écœurant, pour ne pas dire non déontologique, anti-éthique et immoral. La santé de votre animal – celui qui est à côté de vous, que vous caressez – dépend de ce que vous lui donnez à manger. Peut-être, pour l'instant, se porte-t-il bien (je l'espère pour lui). Mais qu'en sera-t-il dans deux mois ? Dans six mois ? Dans un an ou deux ? Réfléchissez-y la prochaine fois qu'il sera malade – et même avant, chaque fois que vous lui remplirez son bol de croquettes.

L'exemple de Poupon

Il y a quelque temps, je reçois en consultation Poupon, un chien d'un an qui pèse 5 kg. Il a déjà perdu 1 kg car, depuis six mois (donc depuis qu'il a lui-même six mois), il vomit, a de la diarrhée, il est ballonné, fait des pets puants... Les maîtres se sont rendus dans deux cliniques, dont une très grosse (avec plus de dix vétérinaires, dépendant d'un groupe financier). De très nombreux examens complémentaires y ont été effectués et leur ont coûté plus de 800 euros : plusieurs échographies, endoscopies, prises de sang à répétition, etc. La conclusion laisse sur

1 https://www.relation-presse.com/anicura.html ; https://www.anicura.fr/ ; voir également la partie « Les rachats de structures vétérinaires » dans la bibliographie.

sa faim : « *Il a des inflammations digestives dont on ne connaît pas la cause. Dorénavant, on peut juste lui donner des croquettes spéciales et le seul traitement proposé est de venir faire des injections de cortisone deux à trois fois par mois, jusqu'à ce que cela passe* » (comprenez : à vie). Les propriétaires ne sont pas contents et ont l'impression qu'on les prend pour une machine à sous, d'autant que leur chien ne supporte plus les piqûres, maigrit et s'éteint petit à petit. Un voisin leur parle de moi, qui fais « différemment ». À l'examen, je détecte tout de suite le profil du « chien-croquettes » (voir la question 16) : il se gratte, se « bouffe » les pattes, est terne, tourne sans arrêt, est maigrichon, pas joueur, il a l'air vieux... J'explique aux maîtres que les examens n'ont rien montré car le problème est bactérien, donc microscopique et non visible à l'œil nu ou sur les images d'échographie ou d'endoscopie : les croquettes sont à l'origine d'une mauvaise flore bactérienne et d'un déséquilibre intestinal sévère, donnant des inflammations puis des vomissements fréquents, des ballonnements, de la diarrhée... Je propose d'arrêter les croquettes (que le chien ne veut de toute façon plus manger depuis dix jours) et de passer à des plats maison. Aucun traitement n'est instauré puisque la cause est alimentaire. Dix jours plus tard, grande nouvelle : Poupon revit, il mange bien, ne vomit plus, les crottes sont normales et il a même déjà repris 200 grammes !

Deux mois plus tard, je lis un article dans une revue professionnelle. Il présente la clinique où sont allés consulter les propriétaires de Poupon. Une photo est très explicite : elle montre un des murs de la salle de conférences orné de l'énorme logo d'un *petfooder* bien connu, et qui rachète depuis peu les cliniques vétérinaires...

Les instances ordinales vétérinaires ont également été outrées de ces pratiques peu scrupuleuses. Elles ont ainsi suspendu plusieurs cliniques vétérinaires pour rachat en contradiction avec la liberté des vétérinaires (conflits d'intérêts avec les fabricants d'aliments).

La réaction est tout à fait justifiée, mais... le problème, c'est la puissance de ces industriels. Les enjeux et les profits possibles sont bien trop importants pour que les groupes industriels capitulent si facilement. En France, ils ont fait appel de la décision de l'Ordre vétérinaire et, dans d'autres pays, ils ont déjà gagné.

12) Existe-t-il de « bonnes croquettes » ?

NON ! Aucune, puisqu'elles sont toutes produites de la même façon et qu'elles ont toutes les mêmes très nombreux défauts. À mêmes causes, même effets. À même production, mêmes défauts. Chercher de « bonnes croquettes », c'est comme chercher de « bonnes cigarettes » : ça n'existe pas !

Il n'y a pas de « bonnes croquettes » parce que c'est la fabrication elle-même qui n'est pas bonne : on part de matières premières de plus en plus bas de gamme, on utilise de trop grandes températures et de trop hautes pressions, on réduit au maximum le volume des aliments par la déshydratation, la compression... J'appelle ce processus la « croquettisation » (un type de « charbonisation » en quelque sorte).

Or, il ne faut pas confondre la cuisson normale (quand on cuisine) avec cette sur-cuisson industrielle, terriblement dénaturante. Car les nutriments ne le supportent pas : les protéines sont déformées, les graisses sont dénaturées, les minéraux sont pour la plupart démolis, les vitamines sont carbonisées... Les croquettes sont toutes trop déshydratées, trop pauvres en bons nutriments, trop riches en sucres, toutes pleines de mauvaises graisses et d'additifs... Bref, toutes les croquettes sont aussi nourrissantes que des morceaux de charbon ! Si vous avez lu la question 11 sur la raison pour laquelle les industriels font de la si mauvaise nourriture pour chiens et chats, vous savez qu'ils n'ont aucun intérêt à améliorer leurs produits.

La seule bonne façon d'éviter les problèmes liés à cette nourriture qui ne ressemble plus à rien, ce n'est pas de rechercher les meilleures croquettes (elles n'existent pas), c'est de ne plus en donner !

13) Les croquettes plus chères sont-elles meilleures ?

Cela fait longtemps qu'un prix élevé n'est plus synonyme de qualité ! Les industriels savent bien que, malgré tout, cette croyance est encore bien ancrée dans la tête des gens, et ils en profitent. D'autant que les circuits de distribution *via* les professionnels de santé (toiletteurs, éleveurs, vétérinaires...) donnent du crédit à leurs produits soi-disant haut de gamme (diététiques, « *premium* », « spécial vétérinaires »...).

Retenez que les croquettes quatre fois plus chères ne sont pas quatre fois meilleures, et que les croquettes vendues chez les professionnels ne sont pas spécialement de meilleure qualité. Il n'y a PAS de bonnes ni de meilleures croquettes.

14) Que penser des croquettes « sans céréales » ou « sans gluten » ?

Les ingrédients principaux des croquettes sont les céréales, même si elles contiennent aussi des sous-produits animaux, des sous-produits végétaux, des insectes... Donc, dire que des croquettes sont « sans céréales » est par définition impossible. Ce serait comme faire de la purée sans pommes de terre. Il y a peut-être moins de céréales que dans d'autres marques, mais il y en a quand même.

Pour le gluten, c'est la même chose. Cette « colle » végétale est indispensable à la fabrication de la croquette, à sa bonne tenue. Donc, non seulement il y a du gluten dans les céréales (et s'il y a des céréales, il y a du gluten !), mais, de plus, les fabricants en rajoutent pour que les croquettes soient encore plus compactes. Lisez les compositions : vous y trouverez des termes tels que « céréales », « sous-produits végétaux », « gluten de blé »... ou bien vous n'y trouverez rien du tout car, comme expliqué à la question 9, les industriels ne sont pas obligés d'indiquer scrupuleusement tous les produits et substances qu'ils mettent dans leurs croquettes.

De fait, j'ai déjà vu plusieurs fois des chiens nourris aux croquettes « sans gluten » mais qui présentaient néanmoins des symptômes bien typiques de l'allergie au gluten : peau rouge et enflammée, grattage, léchage et mordillement des pattes, doigts de pieds gonflés et purulents (pododermatite)...

Si votre animal a ce genre de problème de santé, suggérant la présence d'une allergie au gluten, faites le test et vous serez vite fixé : en vous aidant du chapitre 2 de ce livre, supprimez les croquettes, passez à l'alimentation naturelle sans céréales (donc donnez de tout sauf des pâtes, du pain, des pâtisseries ou des barres à mâcher) et voyez si les symptômes diminuent après deux ou trois semaines.

Si tel est le cas, votre chien ou votre chat a bien des lésions dues aux céréales contenues dans les croquettes, même si celles-ci sont « certifiées sans gluten ». Il « exprime » alors la vérité, contrairement à l'étiquette de son alimentation.

15) Que penser des croquettes personnalisées ?

Que ce soit par les spots télé ou *via* les vétérinaires, c'est la dernière invention promotionnée par les *petfooders* : des croquettes spéciales uniquement élaborées pour votre chien ou votre chat, et correspondant à ses préférences.

Mais au fait, connaissez-vous seulement les goûts de votre animal ? Préfère-t-il le poulet ou le bœuf ? Aime-t-il les haricots ? Le savez-vous seulement, alors qu'il n'a jamais mangé autre chose que des croquettes depuis sa naissance ?

Quand on sait que les croquettes sont fabriquées sur des chaînes industrielles et que plusieurs milliers de sacs sortent chaque jour, pensez-vous vraiment que ces grandes firmes vont bloquer de grosses lignes de fabrication pour les cinq ou six misérables sacs vendus à votre animal chaque année ? Simplement pour faire des croquettes parfaitement adaptées aux goûts de votre animal ? Avec une recette spécialement et uniquement concoctée pour votre petit Toby ?

Et si, par exemple, 10 000 propriétaires tombent dans cette « offre piège », croyez-vous vraiment que les industriels vont fabriquer 10 000 types de croquettes différentes (pour chacun de ces chiens) ? À l'échelle de la France, cela voudrait dire 7 millions de croquettes différentes pour tous les chiens du pays... Impensable !

Bien sûr que non, les fabricants ne vont pas vraiment le faire ! Ils vont simplement prévoir une dizaine de gammes de croquettes différentes, couvrant plus ou moins tous les cas de figure (bœuf, poisson, avec ou sans légumes, avec tel féculent...) et ils arriveront bien à vous refourguer la variété qui correspond le mieux à ce que vous leur aurez demandé (lire également la question 10).

De toute façon :

- même si vous avez des doutes, vous ne pourrez jamais prouver que leurs croquettes contiennent ou non ce que vous avez demandé ;
- même si – par miracle – les fabricants utilisent les ingrédients de votre choix, les procédés de fabrication des croquettes (les processus de « croquettisation », comme je les appelle) vont tout cuire, tout griller, tout compacter... Bref, tout dénaturer et tout détruire. Vous n'allez donc retrouver aucun aliment de départ dans les croquettes finales. Par contre, le prix, ça, vous allez bien le sentir ! Un prix unique, rien que pour vous...

Ainsi, les industriels auront atteint leur double objectif :

- vous soutirer encore plus d'argent ;
- récupérer vos coordonnées pour un marketing très ciblé (ne vous laissant plus la liberté de choisir ce que vous voulez dans les supermarchés).

Avec vos coordonnées, ils géreront la nourriture de votre chien ou chat, ses traitements (vous vous rappelez : vous irez dans leurs cliniques), ils vous proposeront plein de soins « préventifs » pour votre animal... D'ailleurs les campagnes de prévention santé suivant divers thèmes (santé bucco-dentaire, consultation chiot...) sont déjà en place.

Ne tombez donc pas dans ce piège commercial si grossier, ouvrez les yeux et ayez un peu de bon sens. Vous réaliserez tout de suite l'énormité (pour ne pas dire la gigantesque arnaque) de cette nouvelle invention marketing. Il est même honteux que les industriels osent prendre les propriétaires pour de tels pigeons, simplement parce que vous aimez autant votre animal de compagnie.

16) Quel est le profil de « l'animal-croquettes » ?

Si les aliments sont « croquettisés », les animaux le sont aussi. Cela signifie qu'à cause de cette nourriture sèche et médiocre, il y a des conséquences nutritionnelles visibles sur l'animal.

On reconnaît facilement un animal qui mange des croquettes à divers points de vue car les modifications sont tellement typiques qu'il est possible de dresser un profil type de ce que j'appelle « l'animal-croquettes ». Ce profil est aussi bien valable chez le chien que chez le chat, avec quelques petites nuances entre les deux, et il est très fréquent puisque la majorité de nos compagnons sont soumis au même régime, soit « le tout-croquettes à volonté ».

Ce profil est détectable sur trois aspects importants de l'animal :

- son aspect extérieur (esthétique) ;
- son caractère et son comportement (psychisme) ;
- sa facilité à avoir une maladie (santé).

Son aspect extérieur

On le voit d'un coup d'œil : « l'animal-croquettes » a un aspect... moche ! Il a le poil sec, sa fourrure est terne et non brillante, ses couleurs sont un peu « passées » (un blanc tendant vers le beige, un brun peu marqué, un noir à tendance rousse, une truffe peu pigmentée...).

Souvent, aussi, il est un peu hirsute, ses poils sont moins longs, il se gratte et présente une peau rouge avec parfois des boutons, des coussinets secs et craquelés ; sa mue est longue, difficile ou incomplète...

Si, en plus, il a développé une allergie au gluten, il a le bout des pattes d'une autre couleur (couleur plus foncée ou pattes décolorées) à force de se les mâchouiller.

Pour la version féline, c'est la même chose, en ajoutant, pour le « chat-croquettes à poil long », une sérieuse tendance à faire des nœuds (des « catons ») ou à avoir des poils cassés par endroits s'il a le pelage court. Ce sont aussi des chats ayant souvent des boutons ou des petites croûtes sur la tête, près des oreilles, dans le cou...

Bref, on est très loin de l'animal luisant, avec la fourrure soyeuse et la peau impeccable.

Et, question poids, la plupart des « animaux-croquettes » sont trop gros, voire obèses.

Son caractère et son comportement

Vous avez probablement déjà vu ce genre d'animal : le « chien-croquettes » bouge sans cesse, il est exalté, il a du mal à se poser ou à s'arrêter, il dort peu et/ou mal, il est fatigant pour son entourage, parfois même épuisant pour ses maîtres. Il semble toujours sur le qui-vive, anormalement animé et réactif à n'importe quel stimulus, avec parfois une tendance à la nervosité voire à l'agressivité.

On diagnostique maintenant – à tort – ce type de chien comme « HS-HA », c'est-à-dire « hypersensible-hyperactif », mais c'est faux. Ces animaux sont juste détraqués de l'intérieur à cause de la malbouffe ! Les mécanismes de ce déséquilibre psychique sont divers (stress, carences, mal-être), mais ils ont une seule cause : les croquettes. Donc, inutile de les traiter avec des médicaments !

On les remet juste aux plats maison et tout rentre dans l'ordre après quelques semaines, le temps que les nombreuses carences en bonnes graisses, en protéines animales pour faire de bons neurotransmetteurs, en vitamines et en minéraux soient compensées par les bons aliments.

À noter que, chez certains individus, le dérèglement nerveux interne est si grave qu'ils en développent des crises épileptiformes et qu'ils sont – à tort – diagnostiqués comme épileptiques. Je dis « à tort » car ce n'est pas de la vraie épilepsie (congénitale). D'ailleurs, les traitements classiques de cette maladie ne marchent pas chez eux (ou mal). Ce ne sont donc pas de vrais épileptiques mais plutôt des « détraqués alimentaires ».

On a sensiblement le même tableau chez le chat : il joue beaucoup, parfois frénétiquement, se toilette énormément (trop), se gratte à tout va, son sommeil est agité, il fait des cauchemars, il ne refrène pas ses coups de griffe ou les morsures sur vos doigts, il a parfois des peurs un peu irrationnelles, il est plus anxieux que normal, il réagit trop fort à n'importe quel petit bruit, etc.

Pour lui, on a inventé deux syndromes dits « inexpliqués » :

- le syndrome du chat « caressé-mordeur » : il vous mord violemment la main après deux ou trois caresses ;
- le syndrome du tigre : c'est le chat qui vous fonce dans les mollets (avec morsures bien douloureuses à la clé) ou qui se pend au lustre ou aux tentures comme Tarzan, avec parfois les yeux exorbités (crises effrayantes).

Ici, comme pour le chien, pas de traitement aux médicaments mais juste une rectification alimentaire vers une cuisine maison. Une astuce : donnez-lui souvent du fromage qui contient du tryptophane, le précurseur de la sérotonine, une hormone apaisante très efficace pour calmer cet anxieux de nature.

Pour résumer les choses crûment, les « animaux-croquettes » sont chiants ! Mais ce n'est pas leur faute car, à force d'être empoisonnés de l'intérieur par la nourriture, ils en deviennent des « animaux-poison » !

Notez aussi que, si le tableau de l'animal-croquettes est le plus souvent une forme « en hyper » (hyperactif, hypersensible...), certains individus – plutôt les chats – peuvent développer un tableau en « hypo » : l'animal dort beaucoup, est plus léthargique, moins réactif, trop mou, toujours craintif, souvent caché...

En fait, dans ce cas, c'est un tableau de type dépressif qui ressort.

Sa propension à développer un problème de santé

L'inconvénient majeur de l'alimentation sèche, c'est qu'elle déséquilibre un organisme sain et le rend plus fragile. Nous allons voir quelques-unes des maladies liées à l'alimentation dans le chapitre 4 (« Quelques maladies en lien avec l'alimentation industrielle »).

Mais, d'emblée, on peut décrire plusieurs grands types de mécanismes à l'origine de ces problèmes de santé :

- les carences, amenant un manque de cicatrisation et de régénération tissulaire, puis des dégénérescences débouchant sur un vieillissement précoce (arthrose, insuffisance rénale...) ;
- les maladies de surcharge avec surpoids, obésité et leurs conséquences (diabète, problèmes cardiaques, arthrose...) ;
- les allergies, atopies et autres troubles ressemblant à des intoxications et accumulations de substances néfastes (grattage, pododermatite...) ;
- les perturbations hormonales (diabète, thyroïde, maladie de Cushing...) ;
- les inflammations diverses touchant tous les tissus, dont surtout trois : le tube digestif (diarrhée), la peau (dermatite) et le système nerveux (épilepsie) ;
- les tumeurs en tous genres, souvent la conséquence des accumulations de substances toxiques ou des inflammations chroniques.

En conséquence, globalement, les maladies chroniques n'ont jamais été aussi nombreuses, les cancers explosent et les animaux vivent de moins en moins longtemps. Triste sort pour nos chiens et nos chats que l'on croit nourrir correctement...

NB : Il est important de savoir que l'animal qui mange sainement ne présente pas du tout ce profil particulier car il est en pleine forme ! En effet, les bons aliments lui assurent une bonne santé, un bon psychisme et un aspect extérieur superbe, avec une belle fourrure luisante, etc. De plus, il vieillit bien, pas trop vite et « en bonne santé » car il a très peu ou pas de maladies chroniques.

J'en veux pour preuve tous mes animaux qui ont vécu bien et longtemps (chien cardiaque jusqu'à 17 ans, chats jusqu'à 18-19 ans) et la dernière en date, Choupinette, minette de 19 ans, allongée sur la table à côté de moi car elle est mon « assistante ordinateur » depuis de nombreuses années.

Sans oublier les milliers (ou même dizaines de milliers, je n'ai pas compté) de patients que j'ai eu la chance d'accompagner longtemps jusqu'à leur fin de vie, en bonne santé grâce à leurs propriétaires qui ont bien suivi tous les conseils alimentaires.

17) Mon chien a toujours mangé des croquettes, pourtant il n'a jamais été malade

La Nature est bien faite, mais elle est parfois injuste. Certains fument toute leur vie sans souci respiratoire, alors qu'il y a des gens qui développent un cancer des poumons sans même avoir tiré une bouffée de cigarette, à cause du tabagisme passif. Les uns font attention à leur alimentation et font un infarctus, tandis que d'autres boivent et mangent sans retenue, sans aucun problème de santé.

Ce n'est pas juste, mais c'est comme ça. On appelle cela les variations individuelles : chacun est différent. Et pour les animaux, c'est la même chose. Certains animaux mangent des aliments tout prêts depuis longtemps sans signe anormal, d'autres développent déjà des symptômes tout jeunes, après seulement quelques mois de croquettes.

Une remarque importante est cependant à faire : les croquettes d'avant n'étaient pas aussi néfastes que les produits vendus ces derniers temps. Avec les croquettes d'avant (d'il y a une quinzaine d'années), les animaux « tenaient » quand même le coup près d'une dizaine d'années sans trop de problèmes.

Mais depuis cinq ou six ans, avec les croquettes plus récentes, ultra-transformées, les animaux développent plus vite des problèmes de santé et les maladies sérieuses sont plus précoces (tumeurs chez des jeunes), les chiens et chats vivant moins vieux... Bref, ils meurent plus vite qu'avant. De fait, les produits actuels sont vraiment de moins bonne qualité qu'avant, ce qui explique pourquoi les animaux nourris aux croquettes anciennes étaient moins malades que les animaux d'aujourd'hui.

En outre, les jeunes chiots et chatons nourris aux croquettes actuelles (donc plus médiocres qu'avant) commencent avec des « fondations » plus mauvaises, ce qui leur conférera plus vite des maladies sévères (vomissements et diarrhées difficiles à soigner dès un an, dermatite dès six mois...) et diminuera sérieusement leur qualité et leur espérance de vie.

Cet ouvrage regroupe quelques-uns des défauts que j'ai relevés concernant l'alimentation animale industrielle, et surtout les croquettes. Il y en a beaucoup plus, mais ceux développés ici sont déjà bien suffisants pour nous motiver à changer nos habitudes un peu trop simples et nos envies de facilité. Ouvrir un sac de croquettes est aisé, mais ce n'est malheureusement pas suffisant pour nourrir correctement nos compagnons à fourrure et leur garantir une bonne santé.

Il est donc grand temps que nous, acheteurs, ayons une prise de conscience de la vraie qualité de ces produits industriels et de leurs conséquences néfastes, voire mortelles, sur la santé, la durée et la qualité de vie de nos animaux. Car n'oubliez pas que finalement, même si *nous* sommes les acheteurs, ce sont nos compagnons qui en payeront le prix, et chèrement.

18) Un animal peut-il devenir « accro » à un aliment ?

Quelques aliments ont une propension à rendre les animaux « accro ». Pour les chats et les petits chiens, c'est notamment le cas du foie, du poisson (surtout le thon) et du fromage (surtout de chèvre). Ainsi, certains animaux sont capables de ne rien manger jusqu'à ce qu'ils reçoivent leur aliment préféré, ce qui fait parfois paniquer le propriétaire qui ne se rend pas toujours compte que cette préférence frise l'addiction. On peut même parler de « dépendance » ou de « perversion alimentaire ».

Comme le régime « mono-aliment » est fortement déconseillé car amenant des carences, il faut éviter à tout prix que votre animal arrive au stade ultime où il se prive de toute nourriture mis à part son aliment préféré (voir la question 22 pour savoir comment faire).

En effet, par le passé, on a vu des animaux développer des pathologies sérieuses, dues à ces addictions alimentaires exclusives :

- des fusions de vertèbres chez des chats « accro » au foie (spondylarthrose ossifiante par intoxication à la vitamine A) ;
- des symptômes nerveux avec troubles locomoteurs chez des animaux ne mangeant que du poisson (par carence en vitamine B1 à cause de la thiaminase, lire aussi la question 35).

Malheureusement, depuis quelques années, on constate ce même phénomène d'addiction pour certaines marques de croquettes ou de pâtées (« mon chien ne veut que les croquettes X, car il n'en mange d'aucune autre sorte »). En fait, les industriels utilisent cette tendance à l'exclusivité alimentaire pour mettre au point des « cocktails d'additifs » spécifiques à leurs produits, afin que les animaux ne veuillent plus manger que leur propre marque. Une façon bien vicieuse de rendre les animaux fidèles à leur nourriture industrielle, histoire de décourager les propriétaires d'acheter les croquettes des concurrents (lire aussi la question 8 sur l'utilisation d'additifs).

19) Que penser des aliments industriels humides ?

Que ce soit pour les pâtées en barquettes, les terrines avec des morceaux, les boulettes en sauce ou en gelée, la composition de base contient, comme pour les croquettes, essentiellement des ingrédients bon marché, peu ou moyennement nourrissants, surtout à base de céréales et de sous-produits animaux et végétaux. Donc, dès le départ, la qualité de ces aliments d'usine n'est pas très remarquable.

Néanmoins, les aliments humides ont quand même quelques avantages non négligeables par rapport aux croquettes :

- Ce sont des aliments contenant au minimum 80 % d'eau, correspondant mieux aux aliments naturels (viande, légumes…) et qui agressent moins les intestins (pas d'effet « papier-émeri »). L'apport régulier en eau *via* cette nourriture humide permet aussi à l'organisme de ne pas devoir la sur-économiser pour maintenir un taux d'hydratation correct, épargnant les reins qui travaillent donc moins. En outre, cette eau alimentaire rend également cette nourriture plus appétente et plus facile à digérer.
- Ces aliments n'étant pas « croquettisés » (ultra-transformés donc archi-cuits, super-compressés, desséchés), les ingrédients de départ ne sont pas aussi détruits. Les substances nutritives sont donc moins dénaturées que dans les croquettes. Parfois, même, dans certaines présentations, on reconnaît bien les morceaux de poulet ou les bouts de légumes (haricots, petits pois), preuve qu'ils sont mieux conservés dans ce type de nourriture.
- Avec l'âge, les chiens et les chats ont souvent des problèmes buccaux et/ou dentaires ; il leur sera alors plus facile de manger de la terrine, de lécher la sauce ou de suçoter les boulettes (c'est toujours mieux que de se casser les quenottes restantes sur des croquettes trop dures, ou de les avaler tout rond). De plus, s'ils ont vraiment du mal à mâcher, rajouter un peu d'eau à la pâtée pour en

faire une « soupe » leur facilitera l'ingestion, ce qui est plus difficile avec des croquettes.

Donc, dans le match « croquettes contre boîtes », les aliments humides gagnent relativement haut la main : ils sont plus intéressants car un peu plus physiologiques et plus nutritifs. Mais entendons-nous bien, ce n'est quand même pas la panacée ! En effet, les pâtées restent des aliments de commerce, pauvres en viandes, riches en céréales, en glucides et en mauvaises graisses, ainsi qu'en additifs, etc.

D'un point de vue technique et commercial, les fabricants préfèrent les croquettes car elles sont plus manipulables, permettant de changer facilement les recettes, les composants, de faire des remplacements (ingrédients moins chers) ou des ajouts (additifs). De plus, les croquettes sont bien plus rentables. C'est pour ces raisons que, depuis plusieurs années, elles sont nettement plus promotionnées auprès des consommateurs que les présentations humides. Regardez la longueur des linéaires dans les magasins et vous aurez tout compris.

Remarque : depuis cinq ou six ans, le discours de certaines firmes a un petit peu varié. Certains professionnels promotionnent à nouveau le fait de rajouter un ou deux sachets de pâtée par jour, en plus des croquettes (un fabricant en a même fait un nouveau concept avec un nom pompeux, la « bi-nutrition »). En fait, c'est un aveu indirect que le « tout-croquettes » est loin d'être suffisant !

Pour résumer, si vous voulez quand même utiliser de la nourriture du commerce pour votre compagnon, les aliments humides sont préférables aux croquettes.

Vu leur faible conservation, on ne les laissera pas à volonté (tant mieux, car le grignotage est néfaste), mais on les donnera en deux ou trois repas journaliers, ce qui correspond mieux au rythme digestif normal de nos carnivores. On peut aussi utiliser ces aliments humides en combinaison avec des gamelles naturelles (par exemple, une barquette le matin et un repas maison le soir). On évite ainsi l'écueil principal de l'effet déshydratant des croquettes.

20) Quid des barres à mâcher ?

Il y a deux types de barres à mâcher : les bonnes et les mauvaises ! Pour les mauvaises, ce sont évidemment les produits industriels, pleins de céréales et d'additifs (texturants, conservateurs...). Les firmes y accolent beaucoup de caractéristiques erronées (« dents plus blanches », « contre le tartre »...) et essayent de nous faire croire que ces barres sont si indispensables qu'il faut en donner tous les jours. De quoi se remplir les poches tout en ne procurant pas une meilleure santé buccale à votre compagnon.

Autrement dit, ces barres à mâcher sont inutiles et relèvent du pur commerce ! Pire : certains animaux développent même des allergies (prurit, dermatite) consécutives à l'usage régulier de ces barres, à cause de leur composition (céréales et additifs). Quand on arrête d'en donner, les grattouilles disparaissent.

Les autres barres à mâcher, les « bonnes », sont des produits naturels, sans additifs et qui ont un bien meilleur effet mécanique contre la plaque dentaire et le tartre. Il s'agit des bâtonnets beiges, en forme d'os ou de bâtons torsadés, simplement constitués de peau de bœuf séchée, ou des oreilles de porc desséchées. Aucun risque pour votre animal : il peut passer ses nerfs dessus sans crainte de produits chimiques ou d'additifs polémiques.

Astuce : si votre chien est jeune et a vraiment besoin de « faire ses dents » (période de croissance), vous pouvez aussi utiliser des cordes avec des gros nœuds, vendues en magasin.

21) Peut-on lui donner de la nourriture naturelle et aussi des aliments industriels ?

Certains industriels, peut-être pour se donner bonne conscience (mais sans avouer franchement que les croquettes sont mauvaises), prônent un nouveau concept : la « bi-nutrition ». Cela consiste à donner à manger à la fois des boîtes et des croquettes (par exemple, l'un le matin et l'autre en grignotage, toute la journée). Évidemment, si les deux aliments industriels (humides et secs) sont de leur marque, cela les arrange mieux. Quoi qu'il en soit, c'est une façon détournée de reconnaître que le « mono-croquettes » n'est pas idéal.

Concrètement, pour vous, comment faire ?

Trois solutions sont possibles :

- Soit vous abandonnez totalement les aliments industriels et ne nourrissez votre compagnon qu'avec des aliments préparés par vous (100 % de plats maison). Ça, c'est la solution idéale.
- Soit vous donnez une partie d'aliments maison et une partie d'aliments industriels, le mieux étant évidemment d'avoir la plus grande proportion en produits naturels (plus de 50 %) et de choisir les repas industriels humides pour le reste (et donc de bannir totalement les croquettes sèches). Par exemple, donner un sachet ou une barquette de pâtée le matin (parce qu'on est pressé) et préparer le repas maison le soir, quand on a plus de temps, après le travail. C'est un bon compromis pour votre compagnon, les repas maison complétant ce qui manque dans les produits industriels (même si les additifs y sont toujours présents, ils sont absorbés de façon limitée quand la proportion est de moins de 50 % d'aliments industriels).
- Soit vous choisissez la facilité (malheureusement pour votre animal) et vous le nourrissez surtout avec des aliments industriels, le pire étant évidemment le 100 % croquettes... Mais j'espère que ce livre va vous détourner de cette solution, la plus néfaste !

Un dernier argument pourra peut-être finir de vous convaincre : mes observations personnelles (sur plus de vingt-cinq ans) m'ont fait constater que, quand la nourriture industrielle représente plus de 50 % de l'alimentation du chien ou du chat, on n'y coupe pas : les problèmes de santé finissent toujours par arriver, après deux ou trois ans ou plus tard mais, de toute façon, « ça finira mal » pour votre animal (calculs urinaires, problèmes dermatologiques, soucis cardiaques, troubles intestinaux, épilepsie...).

Par contre, quand les aliments tout prêts (et surtout humides) représentent moins de 50 % de toute l'alimentation de l'animal, les problèmes de santé sont moins importants et moins fréquents (même s'ils ne disparaissent pas totalement).

Résumé des diverses possibilités pour votre compagnon

L'idéal : 100 % de gamelles naturelles, avec uniquement des plats maison (aucun repas industriel).

Un bon compromis : la majorité des repas préparés par vous. *Exemple :* 70 à 80 % de plats maison + 20 à 30 % de repas industriels humides.

Une mauvaise solution : une nourriture majoritairement industrielle (pire s'il s'agit de croquettes). *Exemple :* moins de 30 % de plats maison + plus de 70 % de repas industriels.

À oublier totalement : 100 % d'aliments industriels (et pire si ce ne sont que des croquettes !).

Chapitre 2

L'alimentation normale, saine et naturelle du chien et du chat

Maintenant que nous avons vu les défauts de la nourriture industrielle et que cela vous a convaincu – j'espère – de vous en détourner, encore faut-il savoir quoi donner d'autre à manger à nos petites boules de poils. On doit donc en revenir aux fondamentaux, avec des questions et des solutions pratiques concernant leur régime alimentaire.

22) Comment passer mon animal à l'alimentation naturelle?

Remettre un chien ou un chat sur « le droit chemin alimentaire » est plus ou moins facile selon les individus mais, de toute façon, c'est bénéfique pour l'animal et, rassurez-vous, on y arrive toujours (avec de la patience pour certains cas plus difficiles).

Plusieurs cas de figure sont possibles.

Le cas facile

L'animal préfère nettement manger des gamelles naturelles et boude les croquettes ou les pâtées industrielles.

Dans ce cas simple, suivez l'instinct alimentaire de votre compagnon : il vous montre la bonne voie !

La transition n'est même pas nécessaire puisque, très rapidement, en quelques jours, sa flore intestinale s'habitue à l'alimentation maison, sans provoquer de diarrhée (parfois un « caca mou », mais sans conséquence).

Le cas moyen

L'animal doit passer d'une nourriture 100 % industrielle à des repas maison qu'il apprécie moins.

En fait, ce n'est pas qu'il n'aime pas les repas maison, mais il va devoir les découvrir et apprendre à les aimer, car il est confronté à deux choses :

- **Il ne connaît pas la bonne nourriture !** Il devra donc détecter, percevoir et accepter de nouveaux goûts, de nouvelles saveurs et textures, un peu comme un enfant qui découvre les aliments. Avec le temps, il développera même des préférences marquées pour certains aliments.

- **Il est « accro » à sa nourriture industrielle et va devoir s'en détacher.** Comme les industriels sont devenus des spécialistes en additifs très addictifs (parfois aussi puissants que des drogues pour les humains), le détachement de certains chiens et chats par rapport aux croquettes industrielles ne sera pas si facile, ces animaux étant littéralement pris dans les filets de substances addictogènes.

On remarque ce pouvoir addictogène même entre deux marques de croquettes différentes : le chat est fou des croquettes X mais ne touchera pas aux croquettes Y, quitte à ne rien manger pendant plusieurs jours !

Dans ce cas, il existe deux solutions :

- Pour certains animaux, on peut utiliser la manière forte : on stoppe immédiatement et totalement les croquettes, du jour au lendemain, et on donne des repas maison qu'il mangera car il va commencer à avoir faim au bout de quelques jours. La flore intestinale se fera vite à ce nouveau régime, d'autant que les bactéries préfèrent de loin les substances naturelles plutôt que les produits ultra-transformés, synthétiques ou trop chimiques. Pas de risque de diarrhée, juste quelques cacas mous pas trop méchants et qui disparaîtront vite.
- Pour d'autres animaux, notamment les chats, il faut plutôt jouer la carte de la diplomatie : on fait une transition progressive du « tout-croquettes » au « tout-maison ».

Comment faire ? Il faudra passer par **plusieurs étapes**, où l'on va jouer sur les proportions.

1. Les premiers jours, on donne des rations composées de 90 % de croquettes + 10 % d'aliments sains, comme du poulet coupé en petits morceaux et bien mélangé aux croquettes. Voyant surtout ses croquettes, l'animal va quand même manger. Faites cela pendant quelques jours.
2. Puis, vous donnez des rations 80 % croquettes + 20 % d'aliments sains (de préférence de la viande ou du poisson, coupés en petits morceaux et bien mélangés aux croquettes) pendant quelques jours.

3. Puis 3/4 de croquettes + 1/4 d'aliments sains, sur plusieurs jours.
4. Puis moitié-moitié.

À ce stade, souvent, la préférence pour les aliments naturels commence à se voir : on peut essayer de donner un morceau de fromage ou un bout de jambon tout seul, et l'animal l'acceptera. C'est un excellent signe : le corps « reprend le dessus » par rapport à l'addiction aux produits industriels.

Puis l'équilibre va basculer du bon côté : il y aura plus de repas maison que de croquettes dans la gamelle, et l'animal mange tout. C'est gagné !

Cette transition est progressive, prend du temps, est parfois même très lente, mais le secret, c'est la patience ! Pour certains, il faudra plusieurs semaines, pour d'autres ce sera plusieurs mois, mais dites-vous que c'est pour le bien de votre compagnon. Et, quand il mangera sainement, ce sera pour le restant de sa vie.

Le cas difficile

L'animal reste bien « accro » à ses croquettes et ne veut rien manger d'autre. C'est le cas de l'animal qui ne mange pas du tout de poulet ou pas un morceau de fromage et qui ne veut que ses croquettes, quitte à ne rien manger d'autre pendant plusieurs jours !

En fait, il est « addict » aux additifs, « accro » aux substances addictogènes des croquettes. Dans ce cas, il faut procéder comme pour le cas précédent, avec la deuxième solution, à savoir la transition progressive, mais il faudra la faire pendant plus longtemps : des semaines, voire des mois.

Il faudra que vous soyez plus tenace et plus têtu que votre animal, en vous disant que c'est pour son bien, pour lui éviter des maladies graves. De la même façon qu'une cure de désintoxication est longue, pénible et fait souffrir le malade mais on la fait pour sa santé, car il s'agit bien de cela : une cure de « désintoxication » des substances addictives des aliments industriels (comme une désaccoutumance alimentaire ou un sevrage tabagique).

Notez que la transition alimentaire se fera un peu plus rapidement si votre animal montre une préférence marquée pour un aliment, par exemple le thon ou le poulet. En rajoutant cet aliment préféré dans tous les plats, votre animal va apprendre plus vite les nouveaux aliments, car il sera toujours attiré par son poulet préféré ou son thon favori.

Mais attention toutefois à ne pas remplacer son addiction du début par une autre... Pas question que le chat « accro » aux croquettes devienne un mangeur uniquement de thon ! Il faudra bien veiller à lui faire découvrir plusieurs aliments, la variété nutritionnelle étant indispensable à sa santé. En fait, il s'agit de l'étape du sevrage (voir question 67) mais du sevrage d'un adulte, et non d'un bébé.

Avec ses découvertes alimentaires, l'animal va enrichir sa flore intestinale et constituer petit à petit ce qu'on appelle une « bibliothèque alimentaire » (de la même façon qu'on apprend à un enfant à passer du lait maternel aux aliments *via* les panades pour bébé ou autres purées jambon-carottes, poulet-petits pois, etc.).

Cette bibliothèque alimentaire permet le développement de diverses bonnes bactéries, chacune digérant un type d'aliment spécifique. Cela contribue à avoir des intestins super performants et très résistants à beaucoup de microbes pathogènes (virus, parasites, protozoaires...).

Ainsi, avec une flore intestinale optimale, non seulement la digestion est améliorée, mais la défense immunitaire interne est également renforcée. Il n'y a donc que des avantages à manger de tout, et de préférence naturel, pour nos animaux de compagnie !

Une boulimie passagère possible

Il arrive souvent que l'animal qui passe d'une nourriture industrielle à une alimentation saine connaisse un stade intermédiaire et temporaire qui peut ressembler à de la boulimie. En fait, l'animal ayant des carences liées à son ancien régime de piètre qualité a enfin la possibilité de « recharger » ses batteries et de combler tous les manques qu'il a cumulés les mois et années précédentes, grâce à ces nouveaux apports de nutriments naturels. Il va donc manger beaucoup, le temps que son organisme ait fait toutes ses réserves, durant quelques jours ou quelques semaines. Passée cette étape de « remplissage », il mangera dorénavant normalement, avec des rations raisonnables, juste de quoi maintenir ses stocks au beau fixe.

23) Normalement, que mange un chien ou un chat ?

Nos chiens et nos chats sont des carnivores domestiques. Cela signifie qu'ils doivent manger des produits carnés, dont le plus connu est la viande, mais ils ne doivent pas manger que cela ! Avec la domestication, ils sont devenus des carnivores à tendance omnivore, c'est-à-dire qu'ils doivent manger une gamelle qui ressemble en fait beaucoup à notre assiette (puisque nous, humains, sommes des omnivores).

Ainsi, leur gamelle doit contenir des produits carnés, mais aussi des légumes, des féculents et des fruits (surtout pour les chiens). Mais retenez que, dans cette gamelle variée, les aliments les plus importants pour nos chiens et chats restent les produits carnés, constituant la base de leur régime alimentaire.

Le chat : un carnivore obligatoire ?

On dit souvent que le chat est un «*carnivore strict*», mais ce terme n'est pas correct car cela voudrait dire qu'il ne doit manger *que* de la viande (strictement de la viande, et rien d'autre).

Or, c'est une erreur, car lui aussi, comme le chien, doit manger un peu de légumes et un tout petit peu de féculents. En effet, s'il ne mangeait que de la viande, ses reins se fatigueraient trop (régime hyperprotéiné). C'est pour cela qu'il vaut mieux dire que le chat est un *carnivore obligatoire* : il doit impérativement, obligatoirement manger de la viande ou tout autre produit carné, mais pas seulement.

24) Que sont les «produits carnés» ?

Ce sont les aliments qui apportent surtout deux types de nutriments (les nutriments sont les molécules alimentaires) : les protéines animales et les matières grasses d'origine animale. Ces deux sortes de molécules sont vitales pour les carnivores, afin qu'ils puissent grandir, vivre, courir, jouer, guérir…

Quand on pense aux produits carnés, on pense tout de suite à la viande. Mais, en fait, il y a quatre sortes de produits carnés (donc quatre sources de protéines et de graisses animales) :

- les **viandes** en général (blanches, roses, rouges) ainsi que les abats (foie, cœur, poumon, langue, rognons…) ;
- les **poissons** en général : les poissons frais que l'on va cuisiner, mais aussi les poissons en boîte (conserves) ou congelés ;
- les **œufs**, que l'on surnomme « la viande des pauvres » (« qui mange un œuf, mange un bœuf ») car ils constituent une excellente source de protéines et de matières grasses animales pas chère ;
- les **dérivés du lait** (fromages, yaourt, beurre, crème…) provenant de la vache, donc contenant des molécules nutritives d'origine animale.

Ces quatre sources sont toutes intéressantes et parfaitement comestibles pour nos chiens et nos chats. D'ailleurs, ils les adorent !

Et on n'a encore jamais empoisonné un chien ou un chat en lui donnant un morceau de poisson, un œuf dur, un bout de fromage ou une cuillère de yaourt. Il faut juste varier ces quatre types d'aliments carnés au fil des jours : c'est le principe de « manger varié et équilibré », valable pour nos animaux aussi. Nous aborderons les sujets des quantités adéquates et des proportions plus loin dans ce livre.

Pourquoi des protéines animales plutôt que des protéines végétales ? Tout simplement pour une question d'absorption intestinale. Deux chiffres pour les carnivores et vous comprendrez tout de suite : les protéines animales sont très bien absorbées, à raison de 80-90 % (forte assimilation), alors que les protéines végétales ne sont que faiblement absorbées, seulement à 20-50 % (très faible assimilation). Les carnivores absorbent donc les protéines d'origine animale deux à trois fois mieux que celles d'origine végétale, car ils ont le matériel adapté à ce régime alimentaire (enzymes, bactéries, transporteurs moléculaires...). Et c'est la même chose pour les matières grasses : celles de source animale sont indispensables pour nos chiens et chats.

Les matières grasses animales

Ce sont les meilleures et les plus adéquates pour les carnivores, contrairement à nous, humains, qui ne devons pas en manger trop si nous ne voulons pas avoir trop de cholestérol.

25) Quelles viandes donner ? Viande blanche ou viande rouge ?

Toutes ! Pour un carnivore, toutes les viandes sont bonnes ! Viande de poulet, de dinde, de canard, de bœuf, de porc, de mouton... elles apportent toutes les deux éléments de base indispensables aux carnivores : les protéines animales et les graisses animales.

Trois choses sont à savoir sur la viande rouge :

- La viande rouge est souvent **plus grasse** (fines lignes blanches entre les muscles, lui donnant son aspect « persillé » et sa tendreté à la cuisson) et donc plus énergétique que la viande blanche. Cela signifie qu'un petit morceau de bœuf apporte autant d'énergie qu'un gros morceau de poulet (avec du fer en plus). Il ne faut donc pas donner de viande rouge tous les jours car les rations seraient alors un peu trop riches. Donner de la viande rouge une ou deux fois par semaine est une fréquence appropriée (jusqu'à trois fois par semaine pour un chiot d'une grande race en pleine croissance, pour un animal anémié ou pour un senior).
- La viande rouge est généralement **plus chère**, mais il n'en faut pas de grandes quantités pour nourrir Max ou Minou : votre budget n'est donc pas une excuse pour ne pas lui en donner. En alternant avec d'autres viandes moins chères, votre animal ne va pas vous ruiner. Ainsi, vous faites des économies sans réduire la qualité nutritionnelle de la nourriture de votre compagnon.
- La viande est rouge parce qu'elle est riche en **myoglobine**, qui est l'hémoglobine des muscles, donc riche en fer d'origine animale, très bien absorbé (alors que la viande blanche est pauvre en fer). En donner une ou deux fois par semaine entretient la synthèse des globules rouges et évite à votre animal de devenir anémique.

À retenir : plus une viande est rouge, plus elle est riche en fer. Ce fer est l'élément indispensable à la formation des globules rouges de nos chiens et chats, pour éviter l'anémie, la fatigue et l'épuisement du cœur. En effet, les globules rouges contiennent de l'hémoglobine, c'est-à-dire de grosses molécules composées d'un noyau de fer et transportant l'oxygène.

Plus un chien ou un chat mange de fer régulièrement, en quantité raisonnable et provenant d'une source animale (comme la viande rouge, les abats ou le boudin noir), plus l'animal fabrique des globules rouges et plus il a de l'énergie pour se défouler et se dépenser, tout en économisant son cœur.

sources de fer animal (viande rouge, boudin noir, abats comme le foie) → globules rouges → bon sang, bonne circulation, bon cœur

Comment voit-on qu'un animal a assez de globules rouges, donc qu'il mange suffisamment de fer ? C'est très simple :

- votre animal a beaucoup d'énergie et se dépense beaucoup (*a contrario*, un animal qui manque de fer est très vite fatigué, essoufflé) ;
- ses gencives et ses muqueuses sont bien roses.

Comment vérifier la couleur des muqueuses ?

Abaissez la paupière inférieure et regardez la couleur de la muqueuse qui est juste en dessous de l'œil : elle doit normalement être très rose. Vous pouvez aussi soulever les babines et voir la couleur des gencives, normalement bien roses aussi (sauf chez les animaux à couleur foncée, dont les muqueuses sont gris noirâtre). Plus les muqueuses de l'œil ou des gencives sont pâles, plus votre animal manque de fer (anémie).

Remarque : certains animaux ont les muqueuses naturellement pâles, sans être anémiés pour autant. S'ils ont les muqueuses pâles mais qu'ils débordent d'énergie, pas de problème, votre animal est normal ! Donc, à vous de regarder si les muqueuses de votre chien ou de votre chat sont habituellement bien roses ou naturellement pâles.

26) Viande : crue ou cuite ?

La viande doit être cuite, pour trois grandes raisons.

La première raison est la **digestion** : il faut savoir que nos carnivores de compagnie sont des animaux domestiques et, contrairement à leurs cousins sauvages, ils ont eu diverses modifications liées à leur domestication, notamment sur leur système digestif. De ce fait, leur transit digestif est très court et donc très rapide, ce qui ne leur permet pas de digérer complètement la nourriture crue : les aliments crus n'ont pas le temps d'être découpés par les enzymes gastriques et les bactéries intestinales. Ainsi, quand les aliments sont suffisamment petits pour pouvoir être absorbés par l'intestin, ils se trouvent en fait déjà trop loin dans le côlon, qui les expulse dans les matières fécales. Autrement dit, la nourriture crue n'est pas entièrement digérée et les nutriments se retrouvent en grande partie dans leurs crottes car la digestion est incomplète, à cause d'un système digestif trop rapide !

Pourquoi payer de la viande parfois très cher si c'est pour la donner crue et qu'elle se retrouve en grande majorité dans les crottes… ? Quelle perte ! Alors que si on la cuit, même un peu (poêlée, au four…), elle est en partie « prédigérée » (c'est le but de la cuisson) et le tube digestif de l'animal peut finir de la digérer pour absorber le maximum de nutriments. En comparaison, c'est comme si nous mangions une patate crue : nous ne la digérons pas, alors que cuite, elle est tout à fait comestible !

Deuxièmement, il est conseillé de cuire les aliments (notamment les viandes, les poissons et les œufs) pour des **raisons sanitaires** : on élimine ainsi la majorité des bactéries, parasites et autres microbes susceptibles de contaminer les aliments crus, responsables d'intoxications alimentaires parfois sévères (*Escherichia coli*, salmonelle, clostridium…), surtout quand la chaîne du froid n'est pas bien respectée (transport des courses du magasin à la maison dans un coffre d'auto souvent trop chaud). Sachez que les intoxications alimentaires causées par des viandes mal conservées sont parmi les plus graves, parfois même mortelles.

La troisième raison de cuire les aliments est **gustative** : un aliment cuit est plus goûteux, plus appétent et plus facile à avaler (morceaux tendres, plus fondants) que sa version crue. Odeur, goût et saveur sont augmentés par la cuisson, de quoi mettre nos compagnons en appétit. De fait, que préférez-vous manger ? Un poulet cru ou un poulet cuit ? C'est la même réponse pour votre chien ou votre chat. D'autant que beaucoup de nos petits compagnons sont de vrais gourmets.

Le BARF

Attention : depuis la mode du BARF (*Biologically Appropriate Raw Food*), qui consiste à donner de la viande crue à son animal, on commence à voir des chiens avec de sérieux problèmes, notamment de digestion, difficiles à soigner ou très récidivants (ballonnements, flatulences, « cacas mous »…). Ceux-ci sont dus à un déséquilibre de la flore bactérienne, qui n'arrive pas à se réguler correctement. Dès que l'on revient à des aliments cuits, tout rentre dans l'ordre (comptez plusieurs semaines). C'est bien la preuve que les aliments crus ne conviennent pas à nos carnivores domestiques.

27) Viande = steak haché ?

Quand je parle de viande, la plupart des gens pensent tout de suite « steak haché ». Le problème, c'est qu'il y a « steak haché » et « steak haché » ! Entre le steak provenant d'une belle pièce de viande rouge, hachée devant vous par le boucher, et le steak haché vendu en barquette, composé de viandes provenant de trente vaches différentes et contenant plusieurs dizaines de produits chimiques (colorants, conservateurs, arômes artificiels…), il n'y a pas photo ! Donc, un steak haché, c'est oui, mais à condition qu'il provienne d'une vraie viande.

Quel steak haché choisir ?

Au rayon boucherie, choisissez une belle pièce de viande et demandez à votre boucher de la passer au hachoir. Ainsi, vous serez sûr de la qualité du steak !

En plus des viandes (les muscles), les parties plus dures, plus difficiles à mâcher de la viande (les « nerfs », les couennes, les tendons…) sont aussi très intéressantes pour nos carnivores car elles sont sources de substances indispensables aux organes : le tissu conjonctif, les fibres de collagène, etc., nécessaires pour réparer les vaisseaux sanguins, les ligaments, les fascias…

Il est donc important de ne pas vous limiter au steak haché. Vous pouvez varier les parties plus tendres, les bas morceaux, les viandes nécessitant des cuissons plus lentes, les restes (couennes de lard ou de jambon), etc. Le secret, c'est de varier.

28) Des abats ou pas?

Oui, pour les carnivores, les abats sont bons quand ils sont bien préparés, c'est-à-dire cuits. Cependant, comme pour les humains, les goûts et les couleurs ne se discutent pas : certains animaux les aiment, d'autres pas. À vous de découvrir les préférences culinaires de votre compagnon.

En tout cas, il ne faut pas en donner trop ni trop souvent car ils sont très « riches », donc très énergétiques. En donner tous les jours serait trop lourd pour le foie et le métabolisme (on ne fait pas un repas gargantuesque quotidiennement).

Les abats, bon marché et faciles à cuisiner

Il existe des abats très faciles à préparer et vraiment pas chers :

- **les abats de volaille (foies, gésiers et cœurs), à passer quelques minutes à la poêle et que l'on peut juste couper en deux pour Toutou ou Matou ;**
- **les abats de bœuf (cœur, foie) sont également abordables et faciles à cuisiner.**

Par contre, je déconseille les abats de porc (foie) pour des raisons parasitaires, ou alors il faut bien les cuire.

À noter que certains petits chiens ou chats peuvent développer une préférence abusive pour certains abats, leur faisant délaisser toute autre viande. L'animal devient alors difficile et ne veut plus manger que cela. Il développe un trouble du comportement particulier : l'exclusivité alimentaire (une obsession ou perversion alimentaire) donnant lieu à des maladies comme la fusion irréversible des vertèbres chez les chats ne mangeant que du foie (excès de vitamine A) ou des symptômes nerveux gravissimes chez le chien ne mangeant que du poisson (carence en vitamine B1). La solution est donc de varier les abats et de ne pas en abuser : on en donnera maximum deux ou trois fois par mois.

29) Peut-on donner de la charcuterie?

Tout dépend de laquelle, mais d'une façon générale, on l'évitera ou on la choisira bien !

Terrines, rillettes, pâté de campagne, ballottine de volaille, tête pressée, langue en gelée et autre mousse de foie sont appréciés par nos compagnons, mais il faut de préférence BIEN les choisir, notamment SANS certains ingrédients : pas d'oignon ni d'ail, éviter les épices, les aromates ou les conservateurs, choisir des recettes sans trop de sel, de gras ou d'alcool (porto, vin). À vous de lire les étiquettes et de goûter avant d'éventuellement en donner.

Comme les autres aliments, les charcuteries sont meilleures si elles sont simples et saines, les moins transformées et les plus naturelles possible, les préparations produites par les petits artisans locaux étant souvent les meilleures. Ou les vôtres, si vous les cuisinez de façon adaptée pour votre compagnon (pas de sel ni d'herbes aromatiques). Dans ce cas, vous pourrez en donner de temps à autre à votre animal.

30) Le cas du boudin noir

Même si ce n'est pas de la viande au sens musculaire du terme, le boudin noir est à classer dans la catégorie des produits carnés, donc parfait pour les carnivores. Il a un avantage très intéressant, même supérieur à la viande rouge : le boudin noir contient surtout des globules rouges, donc... du fer ! Et comme c'est du fer d'origine animale, son absorption est parfaite (à 80-90 %).

Cru (en fait, il a déjà été cuit au préalable) ou cuit à la poêle, on peut en donner régulièrement à un chien s'il l'apprécie, le chat en ayant souvent moins envie, même si c'est bon pour lui également (certains de mes chats l'adorent).

Le boudin noir aux oignons : à bannir !

Ne donnez pas de boudin noir aux oignons car, si le fer aide à la synthèse des globules rouges, l'oignon les détruit chez les carnivores ! Choisissez donc uniquement du boudin noir à la pomme ou à la crème.

31) Le jambon n'est-il pas trop salé ?

Si, la plupart des jambons sont trop salés pour nos chiens ou nos chats... mais le jambon sera toujours moins salé que la nourriture industrielle de nos animaux, croquettes ou pâtées ! Et soyons lucides : le jambon ressemble plus à de la viande que les croquettes. Donc, oui, vous pouvez donner du jambon à vos compagnons.

D'ailleurs, je conseille d'en avoir toujours quelques tranches d'avance au frigo, pour le soir où vous rentrez tard ou fatigué et que vous n'avez pas envie de cuisiner pour votre animal. Pas de culpabilité : une tranche de jambon est une bonne solution de repli et sera toujours meilleure qu'un bol de croquettes.

De plus, cet excès de sel ponctuel sera « dilué » par votre cuisine qui, elle, sera de préférence non salée (voir la règle n° 2 de la cuisine animale, à la question 43). Ainsi, un jour de jambon (salé) sera compensé le lendemain par votre rôti que vous aurez cuit sans sel. L'un dans l'autre, le régime alimentaire de votre compagnon s'équilibrera tout seul au fil des plats variés (l'un trop salé, l'autre pas du tout) et ne sera donc pas surchargé en sel, ce qui est malheureusement le cas quand il mange tous les jours de la nourriture industrielle.

Quid du jambon contenant du sel nitrité ?

On sait maintenant que les nitrites ont un effet néfaste sur le système digestif (inflammation, tumeur du côlon...). De fait, depuis peu, certains industriels essayent de remplacer ces produits par des alternatives (espérons moins délétères). Quoi qu'il en soit, plus le jambon est naturel, donc gris, d'aspect sec et bien goûteux, plus ce produit est sain et bon pour nos chiens et chats. Vous en trouverez plus facilement et de meilleure qualité chez le boucher du village que dans les barquettes de grandes surfaces.

32) Puis-je lui donner des os?

La réponse est catégorique : c'est NON, jamais ! Sauf si vous voulez risquer une perforation intestinale à votre compagnon... Car tout os est potentiellement dangereux pour votre chien ou votre chat.

Il y a deux types d'os, mais tous les deux sont dangereux :

- les os de poulet ou de lapin font des esquilles, de véritables pointes biseautées, piquantes comme des aiguilles et tranchantes comme des scalpels : des armes qui coupent et blessent gravement la muqueuse fragile des intestins ;
- les os de bœuf, de porc ou de mouton ne font pas d'esquilles, mais les chiens aiment les ronger et finissent par avaler tellement de miettes d'os qu'elles se recompactent dans les boyaux, formant des petits tas aussi durs que des cailloux, comme si les os avaient été avalés tels quels ! Cela provoque une constipation, avec risque de déchirure et saignement intestinal parfois impressionnant et très grave.

Le fait que les os soient crus ou cuits ne change strictement rien à leur dangerosité : retenez que TOUT os, cuit ou cru, peut provoquer à chaque ingestion une obstruction ou une perforation intestinale.

De temps à autre, un propriétaire m'avoue qu'il donne souvent des os à son chien et qu'il n'a jamais eu de problème. Mais c'est jouer avec le feu : le risque est trop important à chaque os avalé, et il suffit d'une seule fois pour avoir un accident, souvent fatal. D'autant que le seul nutriment apporté par l'os est le calcium, une substance que l'on trouve dans n'importe quel produit laitier ! Donc, pour apporter du calcium, donnez plutôt un yaourt ou un morceau de fromage à votre chien ou à votre chat : il l'appréciera mieux et ne risquera rien, puisque cela n'a jamais provoqué de perforation dans l'intestin.

Après tout, dans la nature, quand un lion a fini son repas, que reste-t-il ? La carcasse, preuve que même lui n'ose pas manger les os.

33) L'allergie au bœuf : mythe ou réalité ?

Depuis plusieurs années, on a régulièrement des chiens qui développent prétendument une allergie alimentaire au bœuf car ils réagissent à certaines de leurs croquettes, notamment celles au bœuf. Mais quand on leur donne un morceau de bifteck… tout se passe bien !

Il faut donc mettre les points sur les « i » : neuf fois sur dix, les chiens sont surtout allergiques aux additifs utilisés dans les croquettes « au bœuf », notamment à cause des colorants, des exhausteurs de goût et des arômes utilisés pour donner une couleur bien rouge ou imiter le parfum de cette viande.

En réalité, les animaux vraiment allergiques au bœuf sont très rares. Si par malchance votre chien se révèle réellement allergique à cette viande (grattouille, plaques rouges sur la peau…), il vous suffit juste de l'exclure de ses rations et de donner d'autres viandes dont nous avons un large choix : lapin, mouton, volailles, etc., sans compter les poissons, les œufs et les produits laitiers comme autres sources de protéines animales.

Donc, si la vraie allergie au bœuf est très rare, l'allergie aux croquettes à l'arôme « bœuf » est beaucoup plus fréquente. Et il ne faut pas confondre les deux !

34) Et les poissons ?

Ils sont très bons pour nos chiens et chats car riches en bonnes protéines animales, en phosphore pour le cerveau, en bon gras (les oméga 3)... Dans le passé, on les conseillait jusqu'à trois fois par semaine, mais avec la pollution actuelle (métaux lourds), il vaut mieux les donner aujourd'hui à la fréquence d'une ou deux fois par semaine maximum.

Poisson en boîte ou poisson frais à cuisiner : vous pouvez laisser libre cours à votre imagination, en fonction des goûts de votre compagnon. Les meilleurs poissons sont les poissons gras des mers froides (saumon, sardines, maquereaux), mais tous les poissons sont bons pour nos quatre-pattes. Comme pour tout, certains animaux les aiment ou en préfèrent quelques-uns (thon, sardine, cabillaud, saumon...), d'autres ne les apprécient pas du tout. À vous de tester votre doudou.

Attention : comme pour les viandes, on évite les poissons crus (pas de sushi) pour des raisons de digestion et de risque sanitaire (microbes).

Les poissons en boîte ont beaucoup d'avantages : pas chers, pas besoin de cuisiner, conservation facile et longue... Je vous conseille les versions les plus simples : thon nature, sardines ou maquereaux à l'huile, ou même pilchard (sardines à la sauce tomate), etc. Par exemple, une boîte de sardines à l'huile de colza ou de tournesol pour un chien de 20 kg, nappée d'une partie du gras, est parfaite car source de protéines animales et de bon gras, comme les oméga 3.

Cependant, évitez les boîtes de poissons trop préparées (« au vin blanc », « sauce citron » ou « aux herbes ») car ces recettes trop sophistiquées sont peu appréciées par nos chiens et chats, sans oublier les arômes artificiels et autres additifs chimiques néfastes.

Les poissons frais offrent plus de variété mais il faut les cuisiner, enlever les arêtes et surtout faire très attention à la chaîne du froid, dès leur achat. Notez que plus leur préparation est simple, plus elle convient à nos animaux : pas de sel, pas d'herbes aromatiques, éviter les sauces... Voici quelques exemples de préparations adaptées : cuisson à la poêle ou au four, mijoté type bouillabaisse ou en terrine... Vous avez le choix.

Bien sûr, on oublie les *fishsticks*, des faux poissons, des produits industriels beaucoup trop gras et surtout trop salés.

35) Le thon et le foie sont-ils autorisés ? Les risques d'addiction

Les chats et certains petits chiens ont la mauvaise habitude de vite devenir « accro » à un aliment qu'ils aiment particulièrement, au point de développer une perversion alimentaire néfaste voire mortelle. Trois types d'aliments peuvent déclencher cet « amour immodéré » :

- les abats, et surtout le foie ;
- les poissons, surtout le thon ;
- le fromage, notamment de chèvre.

Ce type d'animal devient très vite difficile et ne veut plus manger QUE son aliment préféré. Il devient donc addict à cet aliment – et uniquement à lui –, tout comme un drogué devient dépendant d'une substance bien précise. Si vous lui proposez autre chose, il n'en veut pas, car il ne veut que sa « came », son aliment préféré.

J'appelle ces animaux des « pervertis alimentaires » (ou des « obsédés alimentaires ») car ce trouble ressemble à de l'obsession, à une idée fixe ou même à de la perversion (une sorte de distorsion de la réalité). Il s'agit en fait d'une addiction puissante dont le processus biochimique commence à être bien connu chez toute personne ou animal « accro » à une chose : la substance ou l'aliment agit comme une drogue en stimulant le circuit du plaisir et de la récompense (dopamine), donnant un sentiment de bien-être que l'animal a envie de revivre en recherchant, encore et encore, à absorber cet aliment qui lui procure tant de bien. La dépendance se développe et est très difficile à contrôler ou à stopper.

Cette obsession nutritionnelle a des conséquences très néfastes quand l'animal devient totalement exclusif à un seul et unique aliment : il y a apparition de carences ou d'intoxications sévères ! Par exemple, les accros au thon développent des symptômes nerveux par carence en vitamine B1, les obsédés du foie ont leurs vertèbres qui se soudent (lire l'anecdote ci-dessous), les drogués du fromage grossissent et développent d'autres carences...

Comment éviter cela ? Il ne faut jamais céder à votre animal quand vous voyez qu'il développe une addiction à un aliment en particulier. Il faut le forcer à manger de tout, quitte à le priver définitivement de son aliment fétiche. Et ne cédez surtout pas ! Car quand l'addiction est bien installée, elle est très difficile à supprimer.

Des chats tout raides

Il y a quelques dizaines d'années, certains propriétaires avaient l'habitude de gâter leur chat une fois par semaine avec du mou (poumon) ou du foie, qu'ils donnaient à leur minou chaque dimanche. Malheureusement, certains chats sont particulièrement « fous de foie » et ont, en plus, une propension à développer une exclusivité alimentaire. Concrètement, c'étaient des animaux qui finissaient par ne rien manger durant toute la semaine, attendant chaque dimanche leur foie providentiel. Les maîtres s'inquiétaient que leur animal ne mange plus rien du lundi au samedi, ils cédaient donc au caprice de leur félin et finissaient par donner du foie le dimanche, ainsi que tous les autres jours de la semaine. Après quelques mois, le chat développait alors des symptômes bizarres, avec des raideurs du cou, de la queue et même de toute la colonne vertébrale. Il s'agissait en fait de spondylarthrose ankylosante, un nom barbare pour désigner un problème ostéo-articulaire gravissime : les vertèbres « fusionnent » entre elles ! Ces chats recevaient d'ailleurs le qualificatif de « chats en tuyau de poêle », car leurs os soudés les rendaient tout raides, comme si on pouvait les tenir par la queue telle une poêle... L'image fait sourire mais la gravité de la maladie (et l'issue souvent fatale) nous ramène à la réalité : la cause est une hypervitaminose A, une intoxication à cette vitamine, juste parce que les chats ne voulaient plus manger que du foie, contenant beaucoup de vitamine A. Une conséquence bien cher payée pour une addiction alimentaire qui semblait, au départ, si innocente.

On retrouve ces addictions alimentaires chez les chiens et les chats qui mangent de la nourriture industrielle : ils refusent de manger les croquettes d'une autre marque. Chaque marque ajoute à ses croquettes un mélange d'additifs qui leur est propre et qui rend donc nos chats et chiens dépendants d'une marque précise. Voir à ce sujet les questions 8 et 18 du chapitre 1.

36) Mon animal aime les dérivés laitiers comme le fromage, puis-je lui en donner ?

En tant que produit carné, donc source de protéines et de matières grasses d'origine animale, la réponse est un grand OUI ! Tous les dérivés laitiers sont bons pour nos chiens et chats. Que ce soient crème, beurre, fromage, yaourt... selon leurs goûts et toujours avec modération : faites-leur plaisir !

Pour le fromage, d'un point de vue nutritionnel, même si ce n'est pas la même chose, un morceau de fromage équivaut à un morceau de viande (car les viandes n'apportent pas de calcium, alors que les produits laitiers, si). Certains les préfèrent crémeux avec un goût léger, d'autres aiment le bon vieux camembert « qui pue » : à vous de trouver ce qui leur plaît. Le secret, comme pour tout aliment, est de varier les fromages : à pâte molle, à pâte dure, crémeux, bien fait... Sachez que votre fromage aura plus de qualité et de succès s'il est de fabrication artisanale (donc le moins industriel possible).

« Et le fromage La Vache qui r…, est-ce bon ? »

Ma réponse est nuancée : si l'animal aime cela, vous pouvez lui en donner de temps à autre, mais soyons clairs, si vous servez un plateau de fromage à vos invités, y placeriez-vous une portion d'un tel produit ? Probablement pas, car est-ce *vraiment* du fromage ? Pas vraiment, je le qualifierais plutôt de « pâte crémeuse industrielle ».

Tant qu'à donner du fromage à votre chien ou à votre chat, autant lui donner un *vrai* fromage comme le brie, le brillat-savarin, le camembert (jeune ou vieux), du gruyère, du comté, du fromage blanc, un petit-suisse, etc., même si par facilité et de temps en temps, vous pouvez continuer à donner la portion du « fromage de la vache souriante » pour lui faire avaler un comprimé, comme un vermifuge par exemple.

37) Le yaourt est-il bon pour lui ?

Non seulement c'est bon, mais en plus, c'est excellent pour la santé de nos compagnons. D'ailleurs, la plupart du temps, chiens et chats l'adorent ! Les bienfaits du yaourt sont nombreux :

- c'est bon de goût et frais, rafraîchissant ;
- facile à manger (à laper pour les très jeunes ou les vieux) ;
- riche en calcium ;
- pauvre en matières grasses ;
- contenant de « bonnes bactéries » de type acide, idéales pour nos chiens et chats (puisque les carnivores mangent des aliments plutôt acides).

Sachez aussi que le yaourt est le premier remède naturel contre la mauvaise haleine. En effet, avec de bonnes bactéries régulièrement avalées (on peut donner du yaourt chaque jour), la flore intestinale est entretenue et donc la flore buccale aussi. Car ce sont les bonnes bactéries acides qui éliminent les mauvaises bactéries de la bouche, à l'origine de l'odeur fétide, parfois pestilentielle, de votre animal préféré. D'ailleurs, très souvent, les animaux avec une haleine « chargée » aiment beaucoup le yaourt, comme s'ils sentaient qu'ils en ont besoin et que ça leur fait du bien.

Si votre compagnon a une bonne haleine, il peut tout de même en manger régulièrement, plusieurs fois par semaine, afin d'entretenir sa flore buccale.

Yaourt : avec ou sans fruits ?

Testez votre animal ! Vous serez vite fixé sur ses préférences de parfum. Pour les chats, le plus simple est souvent le mieux : le yaourt nature. Mais s'il aime le yaourt avec un fruit particulier (ex. : ananas), ne l'en privez pas.

Ne vous cassez pas la tête avec les produits de marque : ils ont peu de succès car, souvent, on paye le marketing, la publicité… et les produits chimiques, utilisés à la louche dans ces produits industriels ! Ce que ne manquera pas de détecter votre compagnon, avec son odorat infaillible et ses papilles gustatives délicates. Il boudera alors votre yaourt de marque.

Préférez les yaourts « premier prix » qui remportent plus souvent la palme, ce qui tombe bien pour votre portefeuille. Et si vous les faites vous-même, c'est encore mieux !

En résumé, le yaourt est excellent pour la santé et le moral de votre chien ou de votre chat. Certaines personnes le partagent même avec leur compagnon, comme un vrai petit rituel complice entre eux (une cuillère pour toi, une cuillère pour moi).

38) Les œufs : permis ou interdits ?

Les œufs sont des produits carnés, donc d'une très grande richesse nutritive car pleins de protéines et de matières grasses d'origine animale. Ils sont d'ailleurs surnommés « la viande du pauvre », et ce n'est pas pour rien : du point de vue nutritionnel, un œuf vaut bien un morceau de steak, mais pas au même prix ! D'ailleurs, l'expression « *Qui mange un œuf, mange un bœuf* » l'illustre bien.

Les œufs sont très énergétiques (un peu comme les abats), la fréquence recommandée pour en manger est d'une fois par semaine grand maximum, la bonne fréquence étant même d'une à deux fois par mois.

Je conseille de les donner cuits pour des raisons sanitaires (microbes). Et, par solidarité animale, préférez-les « bio » : l'image de votre animal, qui gambade aussi librement que la poule qui les a pondus, est bien plus sympathique.

D'un point de vue pratique, toutes les recettes sont permises, pour peu qu'il y ait eu cuisson. Cela laisse donc place à l'imagination. Par exemple, vous pouvez cuire des œufs durs et les écraser dans la ration. Mais vous pouvez aussi préparer des soufflés, des quiches, des crèmes... D'ailleurs, on les trouve dans la plupart des pâtisseries (madeleines, tartes, etc.) que nos animaux aiment grignoter – avec beaucoup de modération, à cause du sucre.

La prochaine fois que vous préparerez une omelette, n'oubliez pas d'en proposer un peu à votre animal s'il apprécie cela. Personnellement, mes chats raffolent de l'omelette à la tomate.

39) Des légumes : oui, mais lesquels ?

Les fruits et légumes sont une source indispensable de vitamines, minéraux et oligo-éléments, mais pas de protéines végétales : celles-ci sont peu intéressantes pour nos carnivores domestiques, car peu absorbées.

En nutrition, les légumes et les fruits font partie de la même catégorie alimentaire. Qu'ils mangent l'un ou l'autre, ou les deux, c'est donc une question de préférence. Notez que les légumes, chez les chiens et les chats, c'est comme chez les enfants : ils doivent apprendre à les manger car, souvent, ce n'est pas ce qu'ils apprécient le plus (quoique...). Or, ce n'est pas parce qu'on n'aime pas que ce n'est pas bon ! Qu'ils soient frais, congelés ou en boîtes, tous les légumes sont bons pour nos animaux de compagnie.

Certains légumes ont plus de succès que d'autres : les haricots (coupés en petits morceaux pour les chats), la tomate cuite, sous forme de sauce par exemple, les courgettes, les carottes, les petits pois (parfois boudés par les chats qui préfèrent les lécher sans les avaler ; vous pouvez alors les écraser), les endives ou les poireaux cuits, les asperges...

Les chats aiment souvent les légumes amers, comme la salade cuite ou l'endive cuite (endive à la crème). Certains félins aiment parfois aussi les olives ou les choux-fleurs. Bref, à vous de tester votre animal et de découvrir ses préférences, en lui faisant goûter un peu tout ce que vous cuisinez.

Certains légumes sont à éviter voire à proscrire (voir à ce sujet la question 66).

Légumes crus ou cuits ?

Les légumes doivent être cuits de préférence, pour une question de digestion et d'appétence. Mais on m'a rapporté que tel chien adore la salade crue, ou qu'un autre vole les carottes crues destinées aux chevaux... Comme d'habitude, tout est question de préférence et, pour les légumes, également de préparation ! Par exemple, si votre chat n'aime pas les courgettes cuites à l'eau, changez de recette et essayez de les faire mariner dans une sauce tomate ; peut-être aurez-vous plus de succès.

Le truc pour les légumes, c'est de bien les cuire, si possible avec la viande (pot-au-feu, terrine...) et de les couper en petits morceaux. Mélangés avec du jus de viande, ils sont encore meilleurs ! Patience et séances de test sont le secret d'un bon apprentissage alimentaire, surtout pour les légumes.

Les chats : procéder avec méthode !

Chez le chat, une assiette avec un nouveau légume présenté tel quel aura souvent peu de succès. Le mieux est de faire découvrir le légume très progressivement, coupé en tout petit et mélangé à du jus de viande ou à un autre aliment que l'animal aime déjà.

Avec les chats, il faut procéder comme on fait avec les bébés et leurs panades, pour qu'ils apprennent à manger (et à digérer) des carottes, des petits pois...

Des légumes tous les jours ?

Nos chiens et chats sont avant tout des carnivores, donc pas de problème s'ils reçoivent parfois un repas sans légumes, pour peu que votre chien en reçoive plusieurs fois par semaine et votre chat au moins deux fois par semaine. Ils sont capables de faire des réserves de nutriments, notamment en minéraux et en vitamines, donc un jour ou deux sans légumes, ce n'est pas grave.

La bonne astuce

Prévoyez toujours chez vous des petites boîtes de légumes (haricots, petits pois, carottes), que vous n'aurez qu'à ouvrir le jour où vous n'avez pas le courage d'affronter la corvée d'épluchage.

40) Et les fruits ?

Comme dit précédemment, fruits et légumes appartiennent à la même catégorie nutritionnelle pour leurs apports en fibres, en minéraux et en vitamines. Donc, si votre chien préfère les fruits aux légumes, pas de problème. L'essentiel est qu'il en mange régulièrement.

Parmi les fruits appréciés par les chiens, les pommes, les fraises, les cerises, les prunes, les poires... Pensez juste à enlever les noyaux ou les pépins. Certains chiens aiment même les agrumes, comme les oranges ou les mandarines, alors que les chats les détestent (observez la tête de votre félin quand vous lui faites juste sentir une épluchure d'orange).

Sauf exception, les chats n'aiment pas souvent les fruits, même si certains aiment suçoter du melon. Pour notre félin, les fruits ne sont pas indispensables si les apports en minéraux et vitamines sont assurés par les légumes, donnés au minimum deux fois par semaine.

Certains fruits sont à éviter. Voir à ce sujet la question 66.

41) Peut-on donner des féculents?

Féculents, céréales, légumes, légumineuses : quelles différences ?

Beaucoup de gens confondent les féculents avec les céréales, les légumes ou même les légumineuses. Mais leurs compositions nutritionnelles respectives ne sont pas les mêmes :

- les **féculents** apportent surtout de l'énergie (du carburant pour le fonctionnement des cellules) sous forme de sucres lents comme l'amidon, mais peu de minéraux, de vitamines, d'oligo-éléments ou de fibres ;
- les **céréales** ressemblent aux féculents (et sont souvent confondues avec eux) car elles sont aussi source d'amidon, donc d'énergie, mais avec des protéines végétales en plus (dont du gluten, qui pose des problèmes comme des démangeaisons : voir les questions 4 et 42) ;
- les **légumes** sont source de quatre types de nutriments : les fibres, les minéraux, les oligo-éléments et les vitamines, mais ils sont peu énergétiques car pauvres en sucres ou en sucres lents (pas d'amidon, c'est pour cela qu'ils ne font pas grossir) ;
- les **légumineuses** apportent la même chose que les légumes, mais avec plus de protéines végétales et plus d'énergie.

Voici un tableau récapitulatif des composants principaux de ces différents aliments :

Aliments	Énergie (sucres lents = amidon)	Fibres	Minéraux Oligo-éléments	Vitamines	Protéines végétales	Exemples
Féculents « vrais »	+ + +	Un peu	–	–	–	Patates, riz, quinoa
Céréales	+ +	Un peu	Un peu	Un peu	+ + (gluten)	Blé, orge, avoine…
Légumes	–	+ + +	+ + +	+ + +	Un peu	Haricots, carottes…
Légumineuses	Un peu	+ + +	+ + +	+ + +	+ +	Lentilles, pois cassés

Pour y voir clair, considérez que :

- les féculents et les céréales sont « cousins » entre eux (les céréales contenant plus de protéines végétales que les féculents) ;
- les légumes et les légumineuses sont « cousines » entre elles (les légumineuses contenant plus de protéines végétales et d'énergie que les légumes).

Ce tableau permet donc de comprendre pourquoi :

- les féculents et les céréales font grossir car ils sont riches en sucres lents, donc en énergie (= calories), mais pas les légumes et très peu les légumineuses ;
- les céréales sont les seules qui posent certains problèmes d'allergie, notamment à cause du gluten, constituant certaines de leurs protéines végétales (mais il n'y a pas du tout de gluten dans les féculents, les légumes ou les légumineuses) ;
- les légumineuses remplacent souvent la viande chez les végétariens, de par leur richesse en nutriments, dont les protéines végétales.

Ne pas confondre féculents et céréales !

En nutrition, on fait souvent un amalgame entre féculents et céréales, car tous deux sont sources d'énergie sous forme de sucres lents (amidon), soit les lignes 1 et 2 (voir tableau ci-dessus).
Ainsi, en alimentation, on considère – à tort – qu'il y a quatre féculents principaux, à savoir :
- deux « vrais » féculents : les pommes de terre et le riz (les deux sont parfaits car sans gluten) ;
- deux « faux » féculents : les pâtes et le pain, car ce sont des céréales et non des féculents, et leur richesse en gluten pose souvent problème.

Les féculents alimentaires sont indispensables à la vie et à la santé car premières sources d'énergie pour le corps, *via* leur amidon (comme l'essence pour une voiture). Cet amidon, donc ce sucre lent, est en fait une très longue chaîne... de sucres rapides ! On peut le comparer à un très long collier dont chaque perle est un sucre (une molécule de glucose). Les féculents riches en amidon sont donc, en fait, comme des milliers de morceaux de sucre attachés en longs colliers : c'est pour cela que ce sont les aliments n° 1 comme source d'énergie et qu'ils peuvent faire grossir !

Les féculents : oui, mais avec modération

Maintenant que cette confusion a été éclaircie, nous pouvons enfin répondre à la question initiale : les chiens et les chats peuvent-ils manger des féculents ? Oui. C'est un élément important, il faut donc leur en faire manger régulièrement, mais en très petites quantités. Une précaution fondamentale est cependant à prendre : au même titre que les humains, les animaux doivent les manger CUITS ! Imaginez que vous essayiez de manger une patate crue : impossible, car totalement indigeste.

En fait, les sucres lents sont de très longues molécules que nos bactéries intestinales mettraient une éternité à découper. Le but de la cuisson est de procéder à une sorte de « prédigestion » pour que le tube digestif n'ait plus qu'à « finir » cette découpe, afin de passer à l'étape finale : la digestion, c'est-à-dire l'absorption intestinale des nutriments réduits à leur taille minimum (des perles de sucre toutes détachées du collier amidon initial).

Riz et pommes de terre sont les deux féculents à privilégier (car sans gluten), les pommes de terre devant évidemment être épluchées et toutes les parties vertes bien retirées, car elles sont toxiques pour nous comme pour les animaux, puisque contenant de la solanine. Concernant le pain et les pâtes, on n'en donne qu'une à deux fois par semaine. Mais évitez d'en donner tous les jours à cause de l'hyper-stimulation de l'immunité par le gluten, entraînant des effets négatifs sur l'organisme (voir les questions 4 et 42).

D'autres féculents ?

Il y en a beaucoup, dont certains sont plutôt des céréales car dérivés du blé et donc à éviter à cause du gluten, comme la semoule ou le boulgour. Il y a cependant d'autres féculents sans risque (car sans gluten) : le quinoa, le sarrasin (galette), le pain à base de farine de châtaigne ou d'ancien épeautre... Mais il vaut mieux privilégier deux valeurs sûres : les pommes de terre et le riz. Notez que le riz n'est pas vraiment apprécié par le chat : il en suçote la sauce mais le recrache souvent. Évidemment, si votre chat en mange volontiers, ne l'en privez pas.

Par ailleurs, les pommes de terre ont un gros avantage gustatif : selon le mode de préparation, elles ont des goûts très variés, comme si on mangeait des aliments totalement différents, alors que ce sont toujours des pommes de terre ! Ainsi, la purée n'a pas le même goût que le gratin, les pommes de terre au four, les patates baignant dans le pot-au-feu ou les frites... De quoi varier les plats de votre animal sans le dégoûter, alors qu'en fait, il mange toujours le même féculent, bon pour lui.

Attention au surpoids !

Si l'on mange plus de féculents que ses besoins, on les met en réserve et cela se voit : on grossit, le surplus de sucres étant transformé en graisse. C'est pareil pour nos chiens et chats. Excepté les matières grasses, les féculents sont les aliments qui font le plus grossir. Pour preuve : ceux qui mangent le plus de riz au monde (jusqu'à 3 kg par jour) sont les sumos, ces athlètes dont l'objectif n° 1 est de grossir. Votre chien ou votre chat peut manger du riz ou des pommes de terre, mais en quantité limitée (maximum 30 % de la ration du chien, maximum 20 % de la ration pour le chat). S'il grossit, c'est l'aliment qu'il faut diminuer en le remplaçant par des légumes qui, eux, ne font pas grossir, même si l'on en mange des kilos. Les féculents étant l'aliment le moins indispensable pour nos carnivores domestiques, on peut en donner très peu, et pas tous les jours, surtout si votre animal est trop gros.

42) Faut-il supprimer totalement le gluten ?

Comme nous l'avons vu dans la question 4 (« Céréales et gluten : bon ou mauvais ? »), le gluten est problématique pour nos chiens et nos chats. Consommé en trop grande quantité, il provoque de manière plus ou moins rapide des problèmes de santé qui sont décrits dans le chapitre 4. Mais alors, faut-il bannir totalement le gluten de l'alimentation de nos chiens et chats ?

Deux cas sont à considérer pour savoir s'il faut supprimer partiellement ou totalement le gluten :

- l'animal n'ayant pas encore de symptômes liés au gluten ;
- l'animal ayant des problèmes en lien avec le gluten.

L'animal n'ayant pas encore de symptômes liés au gluten

Si votre animal est jeune et/ou n'a pas encore de symptômes évoquant un problème lié au gluten, il peut continuer d'en manger, mais en gardant à l'esprit que plus il en mangera, plus il développera cette hypersensibilité, jusqu'à peut-être un jour développer une maladie.

Comme « mieux vaut prévenir que guérir », limiter l'ingestion de gluten (céréales, pâtes, pain, croquettes, barres à mâcher) à une seule fois par semaine semble une fréquence raisonnable.

L'animal ayant des problèmes en lien avec le gluten

Chez lui, il sera plus que temps d'agir. Deux solutions sont possibles :

- soit on supprime totalement mais temporairement le gluten, le temps que les symptômes disparaissent (un à deux mois), puis éventuellement on en redonne après, mais au maximum une ou deux fois par mois car, son organisme s'étant hypersensibilisé, il ne le tolérera plus aussi facilement qu'avant ;
- soit on le supprime totalement et définitivement car son organisme risque de réagir hyper violemment à la moindre ingestion (poussée de dermatite, rash inflammatoire, crises d'épilepsie, AVC) ; c'est notamment le cas chez certaines races particulièrement sensibles au gluten (voir ci-dessous).

Certaines races plus sensibles ?

Certaines races canines sont génétiquement prédisposées à développer des problèmes cutanés, particulièrement graves et difficiles à soigner. Il s'agit de certains chiens de type terriers comme les bull-terriers, les Boston terriers, les amstaffs, les bouledogues français ou anglais. En fait, j'ai traité plusieurs fois ce type de chiens et, chaque fois, les résultats ont été positivement surprenants dès qu'on supprimait totalement le gluten (peau parfaitement normale, sans aucun traitement). À se demander s'ils sont vraiment génétiquement sujets à des problèmes dermatologiques ou si ce n'est qu'une hypersensibilité au gluten, plus importante chez eux que chez les autres races.

Un de mes clients m'a un jour fait une réflexion qui résume bien le cas de son chien, un amstaff, et des autres terriers : « Mon chien a une peau parfaite mais dès qu'il mange trois miettes de pain, il part en sucette ! » (pour son chien, c'était une dermatite prurigineuse carabinée). Donc, parfois, je me dis que l'hérédité a « bon dos » pour certains problèmes dont on ne va pas chercher l'origine plus loin que les gènes...

Quelles céréales contiennent du gluten ?

C'est facile à retenir : « SABOT », comme Seigle, Avoine, Blé, Orge et Triticale. À noter qu'il faut ajouter tous les dérivés du blé, comme la semoule ou le boulgour, ainsi que le maïs (car il contient en faible quantité une molécule ayant une action similaire au gluten : la zéine).

43) Comment cuisiner pour mon animal ?

En fait, cuisiner pour votre chien ou votre chat est d'une simplicité enfantine. Il n'y a que cinq règles à suivre :

N° 1 : CUIRE : il faut cuire les aliments, comme pour nous.

N° 2 : faire SIMPLE, c'est-à-dire un plat ni trop salé, ni trop épicé, ni trop gras, ni trop sucré, et sans aromates.

N° 3 : PROPORTIONS : il y a des proportions à suivre, mais pas des quantités à peser au gramme près.

N° 4 : réfléchir sur la SEMAINE, et non jour par jour.

N° 5 : VARIER : c'est en variant les aliments que les rations s'équilibrent automatiquement.

Règle n° 1 : cuire

Pour des raisons de digestion et de risque sanitaire, nos animaux doivent manger des aliments cuits, ce qui a été développé dans les points précédents (voir les questions concernant les viandes, les poissons, les légumes et les féculents).

Profitez du fait que vous cuisinez pour vous-même afin de prévoir la part de votre chien ou de votre chat. Ainsi, vous n'aurez pas plus de travail. Et si vous cuisinez « spécialement » pour votre animal, préparez les ingrédients simplement.

Règle n° 2 : faire simple

Pour les animaux, la préparation des aliments doit être simple. Cuisiner simple = pas salé + pas épicé + pas trop gras + pas trop sucré.

Voyons cela plus en détail.

Pour leurs repas, ne salez rien. Cuisiner non salé pour votre compagnon compense les moments où vous lui donnez des ingrédients plus salés (plats préparés, aliments industriels). Dites-vous que le jambon de la veille ou le fromage de ce soir en contiennent déjà suffisamment. Ainsi, un aliment industriel (toujours trop salé) est équilibré par le repas maison sans sel, repas restant néanmoins goûteux pour son odorat et son palais particulièrement sensibles et affûtés.

Chez certains animaux, un plat trop salé le fera régurgiter aussitôt, par irritation de la muqueuse gastrique (fréquent chez les chats mangeant des crevettes, par exemple).

Les épices et les herbes aromatiques ne sont pas nécessaires. Les animaux ont un odorat et un goût bien plus développés que nous. Ils n'ont donc pas besoin d'exhausteurs de saveur comme les condiments, les épices et autres aromates ; la cuisson et la chaleur suffisent (plats servis à température ambiante). Ils apprécient d'autant plus le goût des ingrédients – surtout des produits carnés (viande, poisson) – qu'il n'est pas masqué par des herbes aromatiques.

Les sauces sont souvent trop salées, trop épicées et/ou trop lourdes pour le système digestif de nos animaux familiers (troubles gastriques, problème de foie, nausées, vomissements, diarrhée...). À éviter, donc.

Bref, faites simple et cuisinez « light », c'est-à-dire une cuisine peu sophistiquée mais rustique et goûteuse.

En pratique

Si *vous* aimez ces saveurs, l'astuce consiste à cuire les plats pour tous sans aromates, puis à prélever la part pour votre animal et à rajouter ces herbes en fin de cuisson, dans votre part à vous (ou bien vous préparez la ration de votre animal, sans herbes, dans une petite casserole à part).

Faites la même chose pour l'ail et l'oignon : rajoutez-les dans votre part à vous, mais n'en mettez pas dans la part de votre animal, car ils sont toxiques pour les carnivores (voir question 66).

À propos des matières grasses, les carnivores sont un peu différents de nous, les humains omnivores : ils aiment et supportent beaucoup plus de gras que nous car ils n'ont pas de problème de cholestérol, et c'est encore plus vrai chez les animaux vieillissants, dont les besoins en matières grasses sont augmentés. Vous pouvez donc leur donner du gras sous diverses formes, de préférence animale (beurre, crème, jus de viande, peau de poulet, jambon avec le gras, sardines à l'huile, rillettes, fromage...).

Néanmoins, il ne faut pas que les repas baignent dans l'huile ou la graisse ! Tout est dans la mesure, comme d'habitude. Retenez donc que l'animal peut manger du gras raisonnablement, ni trop, ni trop peu, les besoins étant un peu augmentés chez l'animal en croissance et chez le senior.

Quid des animaux déjà gros ?

Il faudra avoir la main légère avec le gras pour leur gamelle, mais ils peuvent quand même en avoir, car ce sont plus les sucres (surtout les féculents) qui font grossir que le gras lui-même (excepté le mauvais gras des aliments industriels, non utilisé et donc stocké).

Enfin, évitez le sucré :

- premièrement, parce qu'il y a déjà beaucoup de sucres partout, même dans les aliments non sucrés (c'est ce qu'on appelle les « sucres cachés ») ;
- deuxièmement, parce que les carnivores ont des besoins très faibles en glucides, suffisamment couverts par une alimentation maison variée ;
- troisièmement, parce qu'un excès de sucre favorise la prise de poids, pouvant déboucher sur du diabète ou des problèmes au niveau de certains organes (dont le foie et le pancréas).

Règle n° 3 : respecter les proportions

Le secret, pour une bonne assiette ou une bonne gamelle, est plus une affaire de proportions que de quantité. Les proportions, ainsi que les quantités adaptées pour un chien ou un chat, seront développées dans les points suivants (questions 48 à 53).

Mais, d'emblée, retenez déjà l'essentiel :

CHIEN		
1/3 de produits carnés + 1/3 de légumes ou de fruits + 1/3 de féculents		
(33 %)	(33 %)	(33 %)
CHAT		
1/2 de produits carnés + 1/3 de légumes ou fruits + 1/5 de féculents		
(50 %)	(30 %)	(20 %)

Rappel :

Il y a quatre types de produits carnés, au choix : viandes, poissons, œufs, dérivés laitiers.

NB : Si votre animal a tendance à grossir, diminuez un peu les féculents et mettez des légumes à la place (voir la question 96).

Règle n° 4 : réfléchir sur la semaine

Il faut réfléchir sur la semaine, et pas jour par jour. Les proportions sont une indication pour vous guider dans la préparation de plats les plus équilibrés possible, en termes de famille d'ingrédients. Néanmoins, si vous ne les respectez pas chaque jour, ce n'est pas grave ! En effet, les prédateurs (dont nos carnivores) savent faire des réserves, et ils ne doivent donc pas avaler tous les aliments chaque jour (ce serait même techniquement impossible).

Je m'explique avec un exemple pour nous :

- Imaginez qu'un jour vous ne mangiez que des spaghettis (= rien que des féculents).
- Le lendemain, il fait beau et vous mangez une bonne salade et une salade de fruits (= des légumes et des fruits).
- Le troisième jour, vous mangez une grosse entrecôte (= rien que de la viande).

Bilan : chaque jour, vous avez mangé « déséquilibré » mais, sur la semaine, vous avec bien mangé de tout !

C'est exactement comme cela qu'il faut réfléchir pour nos animaux, en faisant le bilan de la semaine : « Mon animal a-t-il mangé du poisson, du beurre, des légumes... sur la semaine ? »

Ainsi, inutile d'être « parano » chaque jour et de se stresser si, un soir, votre animal n'a pas eu de féculents ou de légumes : il en mangera demain, et puis c'est tout. C'est ainsi que les conseils tels que « donner du yaourt 2 ou 3 fois par semaine ; manger du poisson 1 ou 2 fois par semaine ; les abats, c'est maximum 2 ou 3 fois par mois » prennent tout leur sens.

Évidemment, si vous respectez les proportions conseillées chaque jour, le bilan alimentaire de votre animal sera d'office parfait, jour après jour, et donc semaine après semaine, mois après mois. Il ne faut simplement pas que ce manque d'un soir (de légumes, par exemple) devienne une habitude, et qu'au final votre chien n'ait plus mangé de légumes depuis des semaines voire des mois. Dans ce cas, avec un manque depuis longtemps, la carence se fera sentir.

Mais en réfléchissant sur la semaine, il n'y a pas de problème. Bref, tout est question de bon sens. La méthode du semainier, proposée à la question 50, peut aussi vous aider.

Règle n° 5 : varier

L'équilibre alimentaire se base sur deux piliers :

- les proportions de chaque famille d'aliments (vues à la question 49), histoire de ne pas donner quatre fois plus de féculents que de légumes, ou trop peu de viande par rapport au reste ;
- la variété et la diversité des aliments à donner régulièrement.

En effet, quand on dit qu'il faut « manger varié et équilibré », le terme le plus important est « varié » et pas « équilibré » car, en fait, c'est en variant les aliments que les rations s'équilibrent automatiquement (et sur la semaine, comme on vient de le voir précédemment).

Exemples : le calcium qu'il n'y a pas dans un bout de viande se trouve dans un morceau de fromage ; le fer est apporté par la viande rouge mais pas par les féculents ; la vitamine A se trouve dans le beurre et pas dans le riz, alors que ce dernier est néanmoins très intéressant pour son apport en énergie (amidon = sucre lent)...

De même qu'« il faut de tout pour faire un monde », il faut tous les aliments pour faire une bonne gamelle (sur la semaine).

Bref, tous les aliments sont complémentaires !

44) Y a-t-il du « bon gras » et du « mauvais gras » pour nos animaux ?

La famille des matières grasses, autrement dit des lipides, est très vaste, et je ne vais pas développer ici les divers types de molécules (acides gras saturés ou non, à courte ou longue chaîne, oméga 3…). Si vous voulez plus de détail, je vous renvoie à mon livre d'alimentation précédent (*Nos chiens et chats malades de leurs croquettes*). Néanmoins, je vais faire un petit résumé pratique pour la vie de tous les jours.

Retenez d'abord que, selon leur source, il y a deux grands types de lipides :

- les lipides d'origine végétale : huiles végétales, margarine ;
- les lipides d'origine animale : viandes, graisses animales, poissons, dérivés laitiers (beurre, crème, fromage…).

Les « bons gras »

Pour nos carnivores domestiques, les graisses d'origine animale sont la meilleure source : absorption optimale, biodisponibilité parfaite, utilisation métabolique maximale… En plus, cela tombe bien : c'est ce qu'ils préfèrent manger !

S'ils manquent de « bon gras » alimentaire, ils développent des tas de problèmes, dont des soucis dermatologiques bien visibles : le poil est sec, les coussinets sont gris, durs et craquelés, l'animal a des pellicules, il se gratte beaucoup, il a la peau enflammée…

Au niveau interne, ils ont des inflammations fréquentes ou à répétition (cystites, gastrites avec régurgitations/vomissements, gastro-entérites, entorses ou tendinites fréquentes, problèmes nerveux de type épilepsie, tendance aux AVC…). C'est normal, car les bonnes matières grasses de qualité sont les molécules de base dont l'organisme a besoin pour synthétiser ses propres anti-inflammatoires internes et toutes ses hormones.

Enfin, les « bons gras » (d'origine animale et naturelle) sont source de vitamines indispensables pour nos chiens et chats, comme la vitamine A et la vitamine D que l'on trouve par exemple dans le beurre, ou encore la vitamine E, nécessaire à la reproduction.

Quelques exemples de « bon gras » :

- viande grasse, peau de poulet, jus de viande, gras de jambon, couennes de lard... ;
- poissons gras (saumon, sardine, maquereau) ;
- fromages et dérivés laitiers gras (crème, beurre...).

Les « gras moyens »

Les lipides d'origine végétale sont moins bien absorbés par nos animaux de compagnie, et moins bien utilisés aussi. Ce ne sont pas vraiment de mauvais gras – car ils sont tout de même naturels – mais, comme ils sont peu absorbés, on les qualifie de gras « peu intéressants » (« gras moyens »).

Par exemple, l'huile d'olive n'a aucun intérêt nutritionnel pour eux. Seule exception : l'huile de colza crue est intéressante grâce à sa richesse en oméga 3 (mais à ne surtout pas cuire, sinon elle devient toxique !). Cependant, pour un chien ou un chat, cela ne remplacera jamais un bon morceau de gras de jambon ou une bonne sardine à l'huile (de colza, de préférence) !

Exemples de « gras moyens » : huile de colza, huile de noix, huile de noisette, huile de tournesol.

Les « mauvaises graisses »

Enfin, il y a les « mauvaises graisses », celles qui ne sont pas bonnes pour votre animal et qui peuvent même l'intoxiquer à petit feu. Ces types de gras sont en fait des graisses industrielles, souvent hydrogénées, transformées, dénaturées, oxydées... On les retrouve dans les aliments préparés pour animaux, et surtout dans les croquettes (dedans et autour). C'est notamment ce qui rend les croquettes grasses au toucher.

On appelle la couche recouvrant les croquettes le « *digest* », ajouté pour augmenter artificiellement l'appétence de cette nourriture, si peu attirante pour nos animaux s'il n'y avait pas cette pellicule de gras (lire le passage concernant l'enrobage des croquettes dans la question 5).

Ces « mauvaises graisses » sont toxiques pour plusieurs raisons :

- elles ne sont pas bien utilisées, le corps ne sait pas quoi en faire et va en partie essayer de les éliminer, ce qui fatigue le foie (hépatite, insuffisance, tumeur...) ;
- le corps va aussi les stocker, avec des conséquences néfastes :
  - votre animal grossit et devient obèse ;
  - les graisses hydrogénées sont oxydantes et provoquent de l'inflammation là où elles sont stockées, dans le gras sous-cutané, ce qui est à l'origine de démangeaisons (votre animal se gratte mais n'a pas de puces ; c'est normal car les « grattouilles » sont dues à ces micro-inflammations se situant sous la peau) ;
  - le cerveau contenant beaucoup de matières grasses (substance blanche, myéline...), les toxiques s'y accumulent et provoquent des troubles nerveux (nervosité, épilepsie...) ;
  - les graisses industrielles stockées sont toxiques et à l'origine de cancers divers (oxydation).

Exemples de « mauvaises graisses » :

- certaines margarines végétales ;
- huiles de friture ;
- aliments industriels (croquettes, pâtées...).

Peut-on chauffer les graisses ?

Cela dépend desquelles. Plus les graisses sont bonnes et riches en oméga 3, moins elles supportent la cuisson car, justement, ces bonnes molécules grasses sont fragiles, donc vite dénaturées (détruites) par la chaleur, certaines devenant même toxiques. Par exemple, cuire avec de l'huile de colza est totalement proscrit, même si de grands chefs le font encore à la télé ou dans des publicités pour des margarines à cuire... enrichies en oméga 3 !

Seule l'huile d'arachide supporte de grandes chaleurs. Pour les plats courants, dont la température avoisine les 200 °C, l'huile d'olive peut faire l'affaire (même si, nutritionnellement, elle n'est pas très intéressante).

Que doit-on retenir de tout cela ? Que les animaux doivent manger du gras, mais du « bon gras » : les poissons gras (sardine, maquereau, saumon), le beurre, le saindoux, la viande, le fromage, la crème liquide... Votre animal sera alors parfait à l'extérieur comme à l'intérieur : fourrure soyeuse, poils doux, pas de pellicules, tissus bien réparés, pas d'inflammation...

45) Sucre ou pas ?

Les glucides se répartissent en deux grands groupes : les sucres lents (contenus dans les féculents, dont le goût n'est pas franchement sucré) et les sucres rapides, ceux qu'on appelle « sucres » tout court, à cause de leur goût sucré. C'est de ceux-là qu'il s'agit quand on dit qu'il ne faut pas donner de sucre à un animal. En effet, donner du **sucre pur** (ex. : morceau de sucre) est déconseillé car, comme pour nous, ce n'est pas bon pour les dents. Surtout, ce serait un surplus par rapport aux divers composés sucrés qui se trouvent déjà dans son alimentation.

Peut-on néanmoins lui donner un **aliment sucré**, comme du yaourt avec un peu de sucre ? Oui... à condition que ce ne soit pas du sucre avec un peu de yaourt ! Autrement dit, vous pouvez donner quelque chose de très modérément sucré.

Quant aux **sucres lents**, il s'agit des féculents, vus dans la question 41. Pour nos animaux, il en faut peu, ils doivent être cuits et d'un apport limité en ce qui concerne les céréales (à cause du gluten).

Donc, nos chiens et chats ont aussi besoin de sucres, lents et rapides, mais très modérément !

46) Quid des pâtisseries, biscuits et autres gâteaux ?

Ces aliments sont des aliments sucrés. On peut donc leur en donner, mais très peu : une petite madeleine par jour, pour un grand chien, est amplement suffisante. Pour un petit chien, comptez une demi-madeleine voire un quart de madeleine seulement !

Idem pour un morceau de brioche ou de tarte : oui, mais un tout petit bout. Comme d'habitude, tout est dans la modération... et ne craquez pas devant la tête penchée de votre chien qui vous regarde d'un air triste : c'est du bluff !

Attention : ces aliments ne doivent pas s'accumuler sur une journée : pas question de donner madeleine + brioche + morceau de tarte le même jour ! C'est l'un OU l'autre mais pas tout à la fois, sinon il y a accumulation de sucres, donc de calories, avec surpoids à la clé. Mieux vaut privilégier les pâtisseries naturelles que vous confectionnez vous-même, à la place des biscuits du commerce qui sont des produits industriels contenant trop d'additifs.

Cependant, le plus gros problème des biscuits et autres gâteaux sucrés, c'est... le gluten ! Comme ce sont des aliments confectionnés à partir de céréales, ils contiennent ce gluten qui a une fâcheuse tendance à « surexciter » le système immunitaire, à l'origine entre autres de gratouilles intempestives, de mâchouillages de pattes, de plaies de léchage et autres inflammations. Pour plus de détails, référez-vous à ce sujet développé dans les questions 4 et 42. Je ne parle pas non plus ici des « barres à mâcher », déjà vues dans la question 20.

47) Peut-on donner les « restes de table » ?

Oui, mais à condition que ces restes soient comestibles, c'est-à-dire les fins de plats que nous prévoyons de manger nous-mêmes le lendemain.

Nos animaux domestiques nous accompagnent depuis 12 000 ans pour le chien et 9 000 ans pour le chat. Or, les croquettes existent seulement depuis quelques dizaines d'années. Alors, d'après vous, que mangeaient les chiens et les chats avant cette malbouffe industrielle ? Nos restes de table ! Et, pour peu que ceux-ci aient contenu un peu de viande, les animaux vivaient bien et longtemps. Peut-être vous rappelez-vous le vieux chien de votre grand-père ou le vieux chat de votre enfance...

Attention : il ne faut pas confondre restes de table et déchets ! Les déchets sont les restes de table non comestibles, destinés à être jetés, comme les os, les morceaux immangeables, les couennes en plastique (saucisson, fromage), les morceaux d'emballage... Évidemment, on ne les donne pas, puisque ce sont des déchets. Votre animal n'est pas une poubelle.

Par contre, les vrais restes de table – comestibles, donc – sont permis : un reste de rôti, une fin de gratin, un fond de casserole, des couennes de lard, le gras du jambon, les croûtes de fromage, des morceaux de bœuf un peu plus durs (les « nerfs »), la peau et les cartilages de poulet (mais pas les os !)...

Évidemment, cela ne doit pas constituer la seule source de repas de votre animal. Il faut prévoir de la nourriture complète, à préparer pour lui. Pour vous faciliter la vie, vous pouvez parfaitement cuisiner pour votre famille en prévoyant la part de votre animal ! Dans ce cas, il ne mangera pas vos restes de table mais bien sa part à lui, comme un autre convive, avec les précautions déjà évoquées précédemment (pas trop gras, ni trop salé, ni trop sucré, ni trop épicé). Pour en savoir plus à ce sujet, rendez-vous notamment aux questions 43 et 50.

48) Doit-on calculer les calories absorbées par son animal ?

Calculez-vous vos propres calories absorbées, pour chacun de vos plats ou pour nourrir votre enfant ? Non, alors pourquoi le feriez-vous pour votre animal ? En fait, tout est question de bon sens et, pour nos compagnons, question surtout de proportions et de variété. Nous développerons cela dans la question suivante.

Mais, d'abord, voyons pourquoi il n'est pas nécessaire – ni franchement réalisable – de peser, mesurer, calculer les calories de chaque ration de son animal de compagnie.

Une méthode compliquée

Les calories sont des valeurs donnant la quantité énergétique de chaque aliment ingéré, en kilocalories (= kcal). Cependant, il existe plusieurs types d'énergie suivant la chronologie de la digestion et l'utilisation par l'organisme (énergie brute, énergie digestible, énergie métabolisable), ce qui complique tout. Résumer l'apport énergétique de la nourriture à l'addition du nombre de calories avalées quotidiennement est donc loin d'être le reflet de la réalité.

À ce stade, on comprend déjà que les notions biologiques sont beaucoup plus complexes que des mécanismes scientifiques résumés à des calculs purement mathématiques.

Les calories des aliments souvent indisponibles

Pour les **aliments industriels** (croquettes, pâtées), les calories sont rarement précisées sur l'étiquette (chiffres des calories en kcal absents). Le calcul n'est donc pas faisable, simplement par manque d'informations sur l'emballage.

Concernant les aliments composant la **ration maison** (viande, fromage, jambon, pommes de terre, légumes, fruits), on n'a pas non plus leurs valeurs énergétiques respectives sur les étiquettes. Il faudrait, chaque fois, aller chercher ces informations dans les livres ou sur internet, avec des problèmes de fiabilité des données, de variabilité suivant les types d'aliments ou les marques...

L'origine ou la provenance des aliments influe aussi énormément sur leur valeur calorique : des petits pois du commerce sont-ils pleins d'énergie au même titre que des légumes provenant d'un jardin bio ?

De plus, les différentes données caloriques (énergie brute, biodisponibilité, absorption...) sont très variables, suivant beaucoup d'autres critères : types d'aliments, qualité, saison, variété des fruits ou des légumes, moment de la récolte, moyens de conservation... Les calories pour 100 grammes de pommes rouges sont-elles les mêmes que pour 100 grammes de pommes vertes ?

En bref, sans données caloriques très précises, fiables et réalistes, pas de calculs possibles ni de résultats exacts sur lesquels se baser.

Des calculs difficiles à effectuer

Pour les rations préparées à la maison, même si – par miracle – on arrive à trouver la valeur énergétique de chaque aliment, les calculs à effectuer sont ardus et ne donnent qu'une idée approximative des calories réellement ingérées par l'animal (les formules sont si compliquées que même la majorité des vétérinaires ne les utilisent pas). Après tout, l'alimentation ne se résume pas à un cours d'arithmétique !

Sans oublier que le type de préparation peut modifier ces données : cuisson à la poêle, à l'eau, au four... Des légumes vapeur apportent-ils plus de calories que des légumes cuits à l'eau ?

Enfin, ce n'est pas parce que la nourriture est pleine de calories qu'elle est de bonne qualité ou bien utilisée par l'organisme ! Et, si l'on a plusieurs animaux, on ne sait même pas toujours qui mange quoi ! Donc, à quoi bon faire des calculs inutiles ?

Des besoins très variables d'un animal à l'autre

Les besoins caloriques d'un individu peuvent varier au cours de sa vie, que ce soit pour des raisons physiologiques (croissance, gestation, lactation, vieillesse), dans diverses situations (stress, froid, exercice, entraînement, concours...) ou pour des causes pathologiques (maladie, infection, convalescence...). Bref, il existe beaucoup de variations difficiles à quantifier en termes de modification des besoins caloriques.

Exemple : un chat avec le coryza a-t-il besoin de deux fois ou de trois fois plus de calories que d'habitude ?

Sans oublier les variations propres à chaque individu : deux chiens vivant ensemble, même s'ils sont frères, n'auront pas des besoins énergétiques identiques. Alors, comment savoir de quelles quantités caloriques précises votre chien ou chat a réellement besoin chaque jour ? A-t-il besoin de 600, 650 ou 700 kcal/jour ?

Des aliments absorbés différemment selon l'âge

La capacité de digestion (absorption, assimilation) varie aussi selon plusieurs paramètres, notamment l'âge, le niveau de stress, la période de l'année, le type ou même le moment du repas (on digère parfois mieux le soir que le matin)...

L'exemple le plus marquant est celui de l'animal âgé. Un animal âgé absorbe beaucoup moins bien que quand il était jeune, tout simplement parce qu'il mâche moins bien ses aliments (problèmes de dents) et aussi parce que son intestin est plus vieux, donc moins performant (absorption moins bonne). Je compare souvent cette situation à une voiture : une vieille voiture consomme beaucoup plus qu'une neuve pour parcourir le même nombre de kilomètres, car la performance et le rendement sont beaucoup moins bons.

Cette diminution liée à l'âge est conséquente : un intestin jeune absorbe des aliments à 80-90 %, tandis qu'un vieil intestin absorbe seulement 40 à 50 % de sa nourriture. Concrètement, cela signifie qu'en avalant la même quantité qu'auparavant, l'animal âgé assimile en fait deux fois moins de calories. C'est comme s'il mangeait la moitié de sa gamelle d'avant... Une diminution énorme !

Cette variation étant difficilement estimable pour chaque animal, cela rend les calculs de ration totalement imparfaits, donc inutiles.

Alors, comment faire en pratique ?

D'abord, du bon sens !

Quand on a des enfants, on les nourrit sans peser leur assiette, ni même la nôtre. Manger ne veut pas dire tout mesurer, tout peser, tout calculer ! Se nourrir, c'est se baser avant tout sur le bon sens, sur l'estimation, sur la variété et la qualité des ingrédients, en y ajoutant la dimension du plaisir (odeur, goût, préférences alimentaires).

Comme nous le faisons instinctivement pour nous et notre famille, nous pouvons le faire pour nos animaux de compagnie. Tout le monde sait que donner un demi-kilo de viande à un Yorkshire, c'est beaucoup trop, alors que donner 100 grammes de poisson à un Rottweiler, ce n'est pas assez ! De la logique et du bon sens !

La taille de « l'assiette »

Basez-vous sur la grandeur des gamelles vendues dans le commerce et dont la taille correspond aux différents gabarits d'animaux, car adéquate au volume des repas qui leur seront servis :

- un chat ou un petit chien mange dans une petite coupelle ;
- un chien moyen a une gamelle de taille moyenne ;
- pour les grands chiens, on achète une gamelle profonde et plus grande.

Vous la remplirez évidemment en fonction de votre animal, mais jamais à ras bord. Après une demi-heure, si elle n'est pas vidée, c'est qu'il n'a plus faim. Ne la laissez pas traîner, mettez-la au frigo pour le prochain repas. Ainsi, pas de gaspillage ni de grignotage néfaste.

Voici tout de même quelques chiffres pour votre information et votre culture générale, afin d'avoir une idée globale des besoins caloriques quotidiens moyens d'un animal :

- **pour un chat de 2 à 6 kg :** 60-80 kcal/jour et par kg (par rapport au poids de l'animal) ;
- **pour un chien de moins de 10 kg :** 80-100 kcal/jour et par kg ;
- **pour un chien de 10 à 30 kg :** 60-70 kcal/jour et par kg ;
- **pour un chien de plus de 30 kg :** 50-60 kcal/jour et par kg.

Par exemple, une chatte de 4 kg aurait des besoins situés entre 240 et 320 kcal chaque jour (60-80 kcal × 4 kg), et un chien mâle de 40 kg aurait besoin de +/- 2 000 kcal chaque jour (50 kcal × 40 kg).

Mais, comme dit au début de cette question, les chiffres des besoins caloriques sont très variables suivant les divers paramètres vus précédemment, donc peu fiables.

NB : Il ne faut pas confondre la quantité énergétique en kilocalories (kcal), rarement notée sur l'emballage, et la quantité à donner chaque jour, indiquée sur l'étiquette (en grammes).

49) Quels aliments en quelles proportions ?

C'est LA question la plus importante pour nos petits amis à poils. Étant des carnivores à tendance omnivore – et le chat étant plus carnivore (carnivore obligatoire) que le chien –, les proportions des trois grandes catégories d'aliments, pour eux, sont les suivantes :

CHIEN		
1/3 de produits carnés* + 1/3 de légumes (ou fruits) + 1/3 de féculents		
(33 %)	(33 %)	(33 %)
CHAT		
1/2 de produits carnés* + 1/3 de légumes (ou fruits) + 1/5 de féculents		
(50 %)	(30 %)	(20 %)

** Les produits carnés sont de quatre sortes : viandes, poissons, œufs et dérivés laitiers.*

Deux schémas illustrent la répartition et l'importance de chaque catégorie d'aliment, à savoir la pyramide alimentaire et les « camemberts » alimentaires pour le chien et le chat.

La pyramide alimentaire

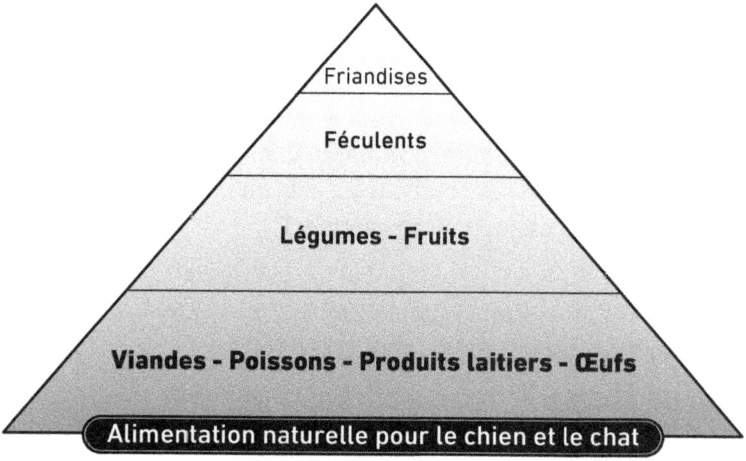

Avec cette pyramide adaptée à nos carnivores domestiques, on voit l'importance de chaque catégorie d'aliment. Les quatre types de produits carnés étant les plus importants, ils constituent la base de l'édifice nutritionnel, puis viennent les légumes (et, dans une moindre mesure, les fruits). Les féculents sont nécessaires mais en faible quantité, donc au troisième étage. Enfin, les friandises sont des « extras » qu'on limite au maximum (une seule fois par jour).

Les « camemberts » alimentaires pour le chien et le chat

Les chiens et les chats mangent « presque pareil », et les petites différences de proportions sont directement visibles dans ces deux camemberts respectifs :

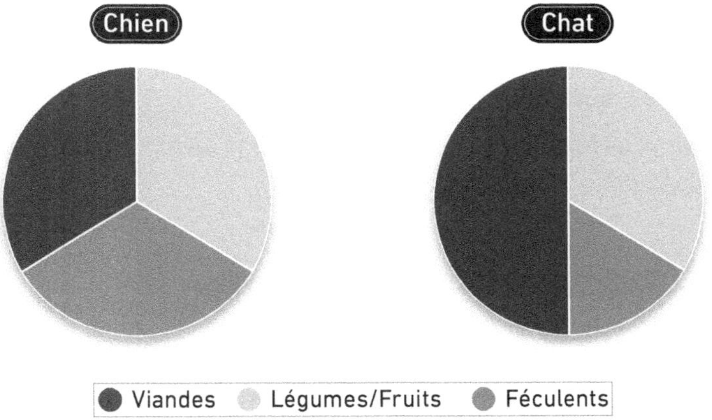

L'idéal est de respecter au mieux ces proportions chaque jour, mais ce n'est pas impératif chez les prédateurs, grâce à leur capacité à faire des réserves. En effet, chez eux, on réfléchit sur la semaine et pas jour par jour (selon la règle n° 4 des conseils de cuisine vus dans la question 43).

Concrètement, il faut que sur la semaine votre animal ait reçu assez de produits carnés (si possible, des quatre sortes), assez de féculents et assez de légumes (et/ou fruits), selon les proportions respectives pour le chien et le chat.

En fait, c'est comme pour nous : nous devons manger de tout régulièrement, et sur la semaine, mais nous ne devons pas spécialement manger *toutes* les familles d'aliments *chaque jour* ; ce serait de toute façon impossible !

Pour vous guider, vous pouvez aussi suivre ces grandes lignes de recommandations :

- **viande blanche :** 2 ou 3 fois / semaine ;
- **viande rouge :** 1 ou 2 fois / semaine ;
- **poisson :** 1 fois / semaine ;
- **dérivés laitiers :** minimum 3 fois / semaine ;
- **légumes :** minimum 3 fois / semaine ;
- **féculents :** minimum 2 à 3 fois / semaine ;
- **abats ou œufs :** 1 fois tous les 15 jours.

Pour vous faciliter la vie, j'ai mis au point la méthode du semainier, expliquée dans le point suivant.

50) Comment mettre en place un semainier de repas ?

Les proportions vues précédemment sont reprises dans le tableau qui permet de préparer des rations pour chaque jour de la semaine. Ainsi, vous visualisez facilement et rapidement la variété des aliments de votre animal, et donc l'équilibre nutritif hebdomadaire.

Le semainier de repas est une méthode valable pour le chien comme pour le chat, la différence entre les deux résidant surtout dans les proportions légèrement différentes à adapter selon l'animal qu'on nourrit (voir à ce sujet la question précédente).

Voici un exemple concret pour une semaine de repas de votre chien qui, en respectant les proportions recommandées, donnerait ceci :

- **lundi :** poulet + riz + petits pois (et une portion de fromage) ;
- **mardi :** steak ;
- **mercredi :** blanc de dinde + pommes de terre + carottes ;
- **jeudi :** jambon + haricots verts (et un peu de yaourt) ;
- **vendredi :** sardines en boîte + pain émietté dans la sauce ;
- **samedi :** omelette à la crème ;
- **dimanche :** rôti de porc + haricots verts au beurre (et une portion de fromage).

Exemple de semainier de repas pour un chien ou un chat

Jour de la semaine	Produits carnés (chaque jour)						Légumes min. 3 x/ semaine	Féculents min. 2 x/ semaine
	Viande rouge 1-2 x/ semaine	Viande blanche 2-3 x/ semaine	Poisson 1 x/ semaine	Dérivés laitiers min. 3 x/ semaine	Œufs 1 x tous les 15 jrs	Abats 1 x tous les 15 jrs	(*)	
Lundi		poulet		+ fromage			petits pois	riz
Mardi	steak							
Mercredi		blanc de dinde					carottes	pommes de terre
Jeudi		jambon		+ 1 yaourt			haricots verts	
Vendredi			sardines					pain émietté
Samedi				crème	omelette			
Dimanche		rôti de porc		+ fromage			haricots verts au beurre	

(*) pour lister les légumes et fruits de saison

Ce semainier est très pratique car il regroupe les trois grandes catégories d'aliments (produits carnés, légumes et féculents), ainsi que les conseils en haut de chaque colonne, vous aidant à mieux composer les repas de votre animal.

Quelques observations

Chaque jour, votre animal a mangé varié et, sur la semaine, il a mangé de tout, donc équilibré (puisque sa ration s'auto-équilibre avec tous les types d'aliments reçus au total, se complémentant sur toute la semaine).

On voit en un coup d'œil que ses apports carnés sont assurés chaque jour, de manière variée (viande blanche, viande rouge, poisson...). Il est très facile de respecter les répartitions conseillées sur la semaine en contrôlant chaque colonne (1 fois / semaine, 3 fois / semaine, etc.). Par ailleurs, ses apports en fer sont assurés, grâce à la viande rouge, une fois par semaine.

Rappel : chez le jeune chien en croissance et le senior, augmenter la viande rouge à deux fois par semaine. Par exemple, pour eux, vous pouvez remplacer le rôti de porc (viande rose-blanche) par un gigot de mouton (viande rouge) le dimanche.

Le steak coupé en morceaux (et servi seul) du mardi ne pose pas de problème, puisque tout est complémenté par les autres repas de la semaine (si, un jour, l'animal ne mange pas de légumes, ce n'est pas grave).

Les apports de calcium sont assurés *via* les dérivés laitiers (dans cet exemple, quatre fois par semaine).

Le samedi, le repas est riche (œufs + crème), donc à prévoir chez un animal qui a un foie en bon état et n'est pas en surpoids. Sinon, on peut remplacer la crème par des tomates et, si on veut, on peut enlever un légume d'un autre jour de la semaine pour le donner ce jour-là. Avec ce tableau, les modifications sont donc faciles à faire.

Dans cet exemple, j'ai repris chaque catégorie d'aliments *a minima* des conseils, mais vous pouvez bien sûr donner plus que cela selon votre disponibilité, le nombre de vos animaux et votre budget (exemples : donner des légumes tous les jours de la semaine, donner du yaourt un jour sur deux...).

Ce n'est pas repris dans ce tableau, mais vous pouvez évidemment donner aussi un fruit comme dessert, une ou plusieurs fois par semaine, selon les goûts de votre chien et la saison des fruits.

Ainsi, vous voyez bien que vous n'avez pas besoin d'avoir fait de grandes études ou des calculs savants pour que votre animal mange sainement et de tout...

Les avantages du semainier

Vous visualisez d'un coup d'œil le régime alimentaire de votre animal et vous pouvez facilement le changer, le peaufiner ou le compléter s'il manque l'une ou l'autre chose (rajouter un produit laitier si vous n'en donnez que deux fois au lieu de trois, combler un manque de légumes ou réduire les féculents trop fréquents, surtout pour les animaux en surpoids...).

Vous pouvez planifier les repas de la semaine pour votre animal, ce qui est pratique pour préparer votre liste de courses.

Pour les familles nombreuses, vous pouvez l'adapter à chacun de vos divers animaux, surtout si vous en avez certains qui ont des spécificités (senior, allergique au gluten...).

Enfin, si vous êtes adepte du *batchcooking* (préparer tous les repas de la semaine le dimanche pour n'avoir que le minimum à faire chaque soir), ce tableau est fait pour vous... enfin, pour votre animal !

NB : Un exemplaire de semainier vide à remplir est disponible dans les annexes, à la fin de ce livre.

Quelques astuces supplémentaires

Pour plus de facilité, vous pouvez parfaitement réfléchir à élaborer quatre semainiers différents (A, B, C et D) et les reprendre pour les quatre semaines de chaque mois. Ainsi, vous n'avez qu'à penser à la liste de repas une seule fois en début de mois, puis à l'utiliser ensuite de manière récurrente.

Pour les adeptes du moindre effort ou les gens très occupés, l'exemple donné dans ce semainier est suffisamment varié et complet pour pouvoir le reprendre tel quel chaque semaine si vous n'avez pas le courage ou le temps d'en refaire un autre, différent, pour la semaine suivante.

Chaque mois, vous pouvez lister les légumes et les fruits de la saison afin d'offrir encore plus de variété alimentaire à votre animal. Vous pouvez par exemple les écrire dans la case (*) afin de vous inspirer quand vous préparez vos semainiers.

Avec de l'organisation, vous pouvez aussi préparer des plats plus sophistiqués regroupant divers aliments (pot-au-feu, gratin...), en quantités plus grandes, pour que cela serve plusieurs jours. Pas de problème si votre animal mange deux jours de suite la même chose !

51) Quelles quantités de nourriture donner à mon chien ou mon chat ?

Plutôt que des chiffres de calories (voir question 48), il est plus intéressant d'avoir des notions de « quantités ». Classiquement, on compte 30 grammes de nourriture (cuite) par « kilo d'animal » et par jour, divisés en deux repas quotidiens (matin et soir) et répartis suivant les proportions vues précédemment (pour le chien : 1/3 viande + 1/3 légumes + 1/3 féculents).

Exemples chiffrés :

- **pour un chat de 4 kg :** 30 g × 4 = 120 g par jour, soit 2 repas de 60 g (matin et soir) ;
- **pour un chien de 10 kg :** 30 g × 10 = 300 g par jour, soit 2 repas de 150 g (matin et soir) ;
- **pour un chien de 50 kg :** 30 g × 50 = 1 500 g par jour, soit 2 repas de 750 g (matin et soir).

Attention : Notez que les grands chiens, en réalité, mangent moins que ce que donnent les calculs. Pour eux, comptez plutôt 20 à 25 g par « kilo de chien », soit, pour ce chien, 1 000 à 1 250 g par jour, à répartir en 500 à 600 g le matin et 500 à 600 g le soir (au lieu de 750 g par repas).

Si on veut décomposer ces quantités en fonction des proportions respectives des divers aliments pour le chien et le chat, cela donne, en arrondissant :

- selon les proportions pour un chat (50 % - 30 % - 20 %) : un repas de 60 g contient 30 g de viande + 20 g de légumes + 10 g de féculents. **NB :** J'ai simplifié car les chiffres corrects seraient de 30 g de viande + 18 g de légumes + 12 g de féculents, mais l'alimentation n'est pas une science exacte et votre chat n'est pas à 2 grammes près !
- selon les proportions pour un chien (1/3 - 1/3 - 1/3) : un repas de 150 g contient 50 g de viande + 50 g de légumes + 50 g de féculents **ou** un repas de 600 g contient 200 g de viande + 200 g de légumes + 200 g de féculents.

Bon à savoir :

- une grosse cuillère à soupe de repas (tout compris et cuit) est d'environ +/- 40 à 50 g. Donc, pour un chat, il faut 1 à 1,5 grosse cuillère à soupe par repas (ce qui ne représente pas grand-chose) ;
- un steak haché pèse entre 120 et 150 g, donc, pour un très grand chien, cela représente moins de 2 steaks hachés par repas. Pour avoir une idée de comparaison, un repas moyen pour un humain pèse 500-600 g, ce qui est l'équivalent pour un grand chien.

Pour plus de facilité, quand vous cuisinez pour votre famille et si vous avez un grand chien, je conseille de prévoir simplement la part d'un convive supplémentaire. Cela ne vous donnera pas plus de travail et vous soulagera pour préparer la gamelle de votre grand doudou poilu.

Mais, comme déjà dit, ne devenez pas un/une maniaque de la balance et servez votre animal *au feeling* (comme on se sert soi, ses enfants ou ses invités). Car s'il mange moins de légumes un jour, votre animal en mangera plus le lendemain, puisque c'est sur la semaine que cela compte.

De toute façon, la plupart du temps, un animal qui mange des gamelles naturelles s'autocontrôle : quand il n'a plus faim, il est rassasié et il s'arrête (à part quelques exceptions).

Et rappelez-vous : il est préférable de manger mieux que de manger beaucoup !

52) Combien de repas par jour ?

Chez le chien comme chez le chat, le nombre recommandé de repas quotidiens est de **deux à trois par jour**.

Certains chiens ne mangent qu'une seule fois et s'en portent bien. De fait, ce prédateur est tout à fait capable de s'en contenter car il fait naturellement des réserves. Mais pour une question de risque de torsion d'estomac, surtout chez les grands chiens, il est recommandé d'avoir au minimum deux repas par jour.

Pourquoi ? Le volume du repas unique remplit « trop » l'estomac qui, si l'animal court ou saute pendant la digestion, risque de se retourner et de provoquer la torsion de cet organe (anciennement appelée « retournement d'estomac »), une urgence vétérinaire dont beaucoup ne sortent pas vivants. La prévention de ce problème est donc simple pour le grand chien : donnez-lui deux repas par jour au lieu d'un seul (en divisant sa part quotidienne par deux, soit son poids × 25 g divisé par deux).

Pourquoi dit-on que « le chat mange dix à douze repas par jour » ? C'est une idée fausse, répandue par les industriels. En fait, plus un animal mange (ou plutôt, grignote), plus il consomme et, donc, plus ces industriels vendent leurs croquettes.

Pour connaître le nombre idéal de repas pour un chat, il faut avoir en tête les spécificités d'une proie et celles d'un prédateur :

- Une proie n'a pas besoin de chasser car elle mange toute la journée une alimentation facile à trouver (regardez les vaches qui n'ont qu'à baisser la tête pour manger de l'herbe). Elle a donc naturellement une faible capacité à faire des réserves puisque les périodes sans nourriture sont rares. De fait, une vache, même si elle mange tout le temps, ne devient pas obèse.
- Un prédateur, par contre, doit chasser et ne mange que ce qu'il parvient à attraper, ce qui n'arrive pas tous les jours. Par conséquent, son organisme a une grande capacité à faire des réserves, pour pallier les périodes de disette entre deux chasses.

Prédateur : l'exemple du lion

Dans la nature, le lion mange une antilope pendant trois jours, puis fait « ceinture » pendant une ou deux semaines avant de retourner chasser sa prochaine proie, quand il aura faim. Seule sa capacité énorme à faire des réserves lui donne cette adaptabilité et sa résistance à un tel régime alimentaire, irrégulier et variable d'un jour à l'autre.

Dans les zoos, les fauves sont nourris tous les deux jours (ou chaque jour, mais avec des repas très « légers » un jour sur deux) ; sinon, ils deviendraient obèses !

Un chat qui mangerait dix à douze repas par jour aurait le rythme alimentaire d'une proie… ce qui pourrait vexer notre petit félin prédateur et lui manquer de respect. D'ailleurs, si vous vivez à la campagne et que vous avez un chat qui est un bon chasseur, vous savez bien qu'il attrape au maximum une à deux souris par jour, mais qu'il serait bien incapable d'en chasser quatre ou cinq fois plus journellement, pour répondre à ce prétendu taux de dix à douze repas quotidiens. De toute façon, si le chat mange une dizaine de petits repas journaliers (plus exactement, du grignotage), il grossit et devient obèse. Le cas échéant, regardez votre chat-boule vautré sur le divan... il est la preuve vivante de ce que je dis.

De fait, en sachant ces différences essentielles entre les deux types de régime (proie ou prédateur), on comprend beaucoup de choses, positives ou négatives :

Points positifs :

- Les chiens peuvent manger un seul repas par jour et « tenir le coup » toute la journée (même s'il est recommandé de faire deux repas, pour éviter la torsion d'estomac).
- Un chat qui mange matin et soir vit tout à fait normalement (ses dix autres repas ne lui manqueront pas du tout) !
- L'animal bien rassasié n'a plus faim pendant plusieurs heures et peut vaquer librement à ses occupations jusqu'au prochain cycle digestif, plusieurs heures plus tard (comme les humains, puisque nous sommes aussi des prédateurs).

Points négatifs :

- Chez les prédateurs, manger beaucoup de petits repas sur la journée est assimilé à du grignotage.
- Le grignotage perturbe les cycles normaux de « faim-satiété » et pousse l'animal à devenir boulimique : il mange par automatisme ou pour s'occuper, mais pas parce qu'il a faim.
- La plupart des chiens et des chats grignotent des croquettes, ce qui explique l'explosion du surpoids, de l'obésité et du diabète chez nos compagnons.
- Le grignotage est néfaste et provoque beaucoup de maladies digestives, notamment les insuffisances, les inflammations et les tumeurs des organes digestifs, surtout l'intestin, le foie et le pancréas (voir à ce propos le chapitre 4).

53) Comment savoir si l'on donne trop ou pas assez à manger ?

En fait, comme pour nous, c'est le poids et la vitalité de votre animal qui vous le dira.

Pour simplifier :

- s'il grossit, c'est qu'il mange trop (plus que ses besoins) ;
- s'il manque de vitalité (indépendamment d'une maladie), c'est qu'il manque d'énergie et mange donc moins que ce qu'il devrait ;
- s'il maigrit, c'est qu'il ne mange vraiment pas assez.

Un bon indicateur : l'état d'embonpoint

Pour savoir si son animal est trop gros ou trop maigre, il faut voir son état d'embonpoint. C'est le meilleur signe pour savoir s'il a un poids plus ou moins correct, estimé notamment suivant le critère des côtes : « **On doit pouvoir sentir les côtes, mais on ne doit pas les voir.** »

Concrètement :

- si on ne sent pas les côtes (en passant ses doigts le long des flancs, au niveau de la cage thoracique), c'est que l'animal est trop gros car il a trop de gras sous la peau ;
- par contre, si on voit ses côtes, c'est qu'il est trop maigre ;
- si on sent ses côtes avec les doigts mais qu'on ne les voit pas, c'est que l'animal est parfait, ni trop maigre, ni trop gros.

Notez qu'une certaine tolérance est acceptée, dans la limite physiologique. Ainsi, comme pour nous, on peut accepter qu'il soit un peu « enveloppé » quand on sent ses côtes et qu'on doit un peu appuyer les doigts pour cela. Ou, à l'inverse, on tolère qu'un animal soit un peu mince quand on voit un peu les côtes, surtout s'il est jeune et plein de vitalité. Pour certaines races, on admet des états un peu « limites » car on connaît leur tendance (exemples : lévrier très mince dont on voit bien les côtes, labrador un peu enveloppé...). Si l'animal joue et se comporte normalement, c'est que son organisme est à son poids de confort, qu'il se sent bien et qu'il est en pleine forme.

Suivant l'embonpoint de votre animal, vous saurez s'il faut augmenter ou diminuer sa gamelle en adaptant les divers ingrédients (plus de légumes et moins de féculents s'il est trop gros...). Si votre animal se maintient à un bon état d'embonpoint alors que vous lui cuisinez des plats maison depuis des mois, vous pouvez être rassuré : vous lui donnez exactement ce dont il a besoin ! De toute façon, avec les bons aliments, la plupart du temps, l'animal s'autorégule pour se maintenir à son poids habituel (poids de confort).

État d'embonpoint : sept stades

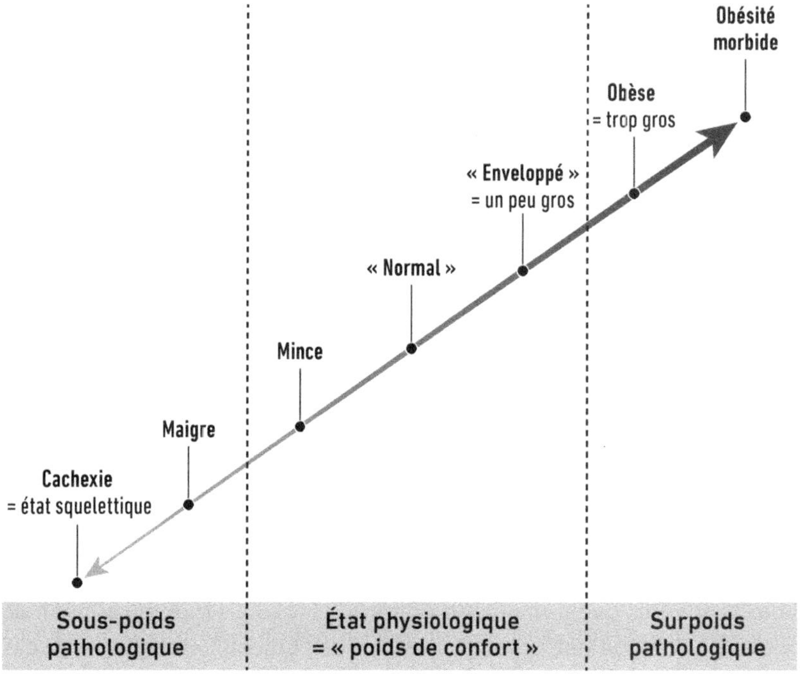

Faut-il vraiment peser son animal et avoir un chiffre pour le poids ?

Comme on vient de le voir, étant donné qu'il existe trois stades normaux acceptables (mince, normal ou un peu enveloppé), donner un chiffre de poids idéal pour les animaux, surtout en fonction de leur race, n'a pas beaucoup de sens.

En effet, tous les animaux ont des tailles et des morphologies différentes, sans compter les variations individuelles (âge, os plus ou moins denses, corpulence plus marquée, forme fluette, animal nerveux et sec...) ou les modulations de quantités d'aliments ingérés en fonction des saisons (chat plus mince en été et un peu enveloppé en hiver).

De plus, peser votre gros chien sur votre balance de salle de bains n'est pas chose aisée... Le mieux est donc de se baser sur son état d'embonpoint, comme on vient de le voir.

Néanmoins, à l'occasion, si vous avez la possibilité de peser votre animal sur une balance fiable, faites-le, car c'est toujours intéressant de connaître son poids, juste par curiosité (parfois, on est très surpris). Cela permet aussi d'avoir une idée d'une variation anormale dans le temps, notamment si « vous n'avez pas vu votre animal grossir ».

Exemple : votre chien un peu trop gros pèse maintenant 42 kg alors que, trois ans auparavant, « quand il était bien », vous vous souvenez qu'il était à 35 kg. Ces chiffres vous donneront une idée de sa prise de poids réelle.

NB : Dans le même ordre d'idée, dire qu'il faut donner à tous les chats 80 g de tel aliment par jour, ou 300 g de croquettes quotidiennes pour tout chien de 15 kg, n'a pas de sens non plus... Ce qui sera assez pour l'un sera insuffisant pour l'autre. On ne peut pas standardiser les quantités à donner car aucun animal n'est standard ! Et même si deux animaux ont un poids totalement identique, leurs besoins ne sont pas standards non plus (chien ou chat sportif, nerveux, malade, vieux...).

54) Comment savoir si son alimentation lui convient ? Les crottes !

« Un animal qui mange normal, ça crotte normal ! » Phrase triviale mais qui résume bien les choses. Variable suivant les animaux, la normalité de l'activité digestive est avant tout le reflet de ce qu'il mange et de la santé de sa « tuyauterie » (tube digestif, glandes annexes et flore intestinale). Elle se constate chaque jour à travers la fréquence, la quantité, l'aspect, la consistance, la couleur… et l'odeur des matières fécales.

Voici quelques informations concernant les crottes (selles) pour un état de santé normal avec une bonne alimentation, même si c'est variable d'un animal à l'autre :

Fréquence : une à deux fois par jour.

Un chien qui crotte quatre ou cinq fois par jour a un rythme anormal. C'est le signe que l'alimentation n'est pas adéquate, composée de substances peu nutritives, donc peu absorbées, et que l'on retrouve dans les crottes (c'est le cas des croquettes).

Quantité : elle est fonction de la taille de l'animal :
petit chien = petite crotte / gros chien = grosse crotte.

Donc, si votre yorkshire fait des bouses ou que votre labrador fait des allumettes, c'est qu'il y a un problème.

Cette quantité peut varier pour diverses raisons :

- elle est augmentée quand la nourriture est peu nutritive (croquettes), en cas de gastro-entérite ou avec l'âge (un vieil animal fait plus de cacas que quand il était jeune, car son intestin vieillit et absorbe moins bien) ;
- elle est diminuée quand il y a des problèmes de constipation (croquettes), une obstruction partielle ou totale de l'intestin ou d'autres problèmes digestifs à rechercher.

Aspect et consistance : faisons simple, ici aussi : *« une crotte, ça a la tête d'une crotte ».*

Donc, c'est un petit boudin +/- long, +/- dur, +/- foncé et +/- luisant. Si cela varie un peu, c'est souvent lié à la nourriture.

Exemples :

- moins luisant quand la nourriture est sèche (croquettes) ;
- « caca mou » en cas de flore un peu perturbée ou d'alimentation non adéquate (peu nutritive, trop grasse…).

Si c'est vraiment très différent, mieux vaut rechercher la cause (alimentaire et/ou maladie), car un problème peut se cacher en dessous (problème de foie, de pancréas…).

Couleur : du brun clair au noir profond.

C'est également directement fonction des aliments (caca rouge quand on mange des betteraves, caca vert quand on mange des épinards…).

Bien sûr, la présence de sang ou une couleur vraiment anormale doit vous alerter (jaune, vert ou couleur « mastic » = beige très clair…).

Odeur : *« Une crotte, ça sent la m… ».*

À y regarder – ou sentir – de plus près, une bonne crotte, ça a une odeur de crotte, mais fondamentalement, si ça ne sent pas la rose, ça ne sent pas si mauvais que cela non plus !

De fait, à hauteur de votre nez, quand votre chien se soulage, on ne sent pas grand-chose. Mais la crotte « qui pue vraiment », qui sent très fort, âcre ou acide, ou encore les flatulences (gaz en dehors des crottes) sont autant de variations anormales à régulariser au plus vite, car ce sont des signes que le tube digestif ne fonctionne pas normalement (aliments mal digérés, croquettes, problème de flore intestinale, troubles digestifs…).

Vous remarquerez que les croquettes sont souvent impliquées dans une modification anormale de l'un ou plusieurs de ces critères. C'est donc bien que cette alimentation a beaucoup de défauts et ne convient pas (ou plus) à un nombre croissant d'animaux. Vous saurez pourquoi en lisant le quatrième chapitre de ce livre (« les maladies »).

Ainsi, pour en revenir à la phrase énoncée au début de cette question, on pourrait transformer le mot « normal » en « mal » (en enlevant le préfixe « nor »), et cela donnerait : *« Quand un animal mange mal, il crotte mal. »*

55) À quelle température doit-on leur servir leurs repas ?

Réponse de bon sens : ni trop chaud, ni trop froid ! Les animaux n'aiment pas la nourriture trop chaude (surtout les chats), mais ils n'aiment pas non plus quand cela sort bien froid du frigo.

L'idéal est de donner le repas **à température ambiante**. Si cela sort du four ou de la casserole, attendez un peu. Le temps de couper en morceaux et de mélanger est parfois suffisant. Si cela vient du frigo, réchauffez un peu au micro-ondes (le mieux étant que cela réchauffe naturellement à l'air ambiant au lieu du micro-ondes, en sortant la gamelle une demi-heure avant).

Avec la mode du BARF (*Biologically Appropriate Raw Food*) ou de la « *raw food* » (manger de la viande crue : voir à ce sujet les questions 89 et 90), certains chiens reçoivent leur morceau de viande crue directement sorti du congélateur, donc dur et glacé ! En plus de l'inappétence de cette nourriture (vous préférez manger du poulet cuit tiède ou du poulet cru glacé ?), cette présentation a beaucoup d'inconvénients : gros morceaux avalés en entier et tout ronds, salivation et action de mâchage/broyage dentaire absent ou insuffisant, choc thermique brutal sur les muqueuses digestives (le froid, ça brûle !) et surtout dans l'estomac, avec risque de gastrite important et récurrent, digestion bactérienne amoindrie (gros morceaux à peine réchauffés dans le corps car transit trop rapide), assimilation des nutriments très insuffisante, augmentation des inflammations tout le long du tube digestif… Bref, nos chiens ne sont certainement pas faits pour manger de la nourriture crue congelée !

56) Faire la cuisine maison pour mon animal, ça coûte cher?

C'est toujours la grosse surprise – positive – des propriétaires qui s'y mettent : NON, ça ne coûte pas cher du tout ! Et ce, pour plusieurs raisons :

- Un animal qui mange bien (en qualité) mange également moins (en quantité) !
- Un seul animal ne mange pas tant que ça. Cela commence à représenter un budget quand on a un très gros chien ou quatre chats (ou les deux…).
- Avec un peu d'organisation, vous pouvez profiter des promotions et autres bonnes occasions (saison, grandes quantités, colis de viande, dates de péremption proches…) pour faire des économies tout en nourrissant bien votre doudou.

Exemples :

- Attendez le mois de mars ou d'avril pour acheter le canard à 5 € le kilo, au lieu de 12 € le kilo en décembre.
- Il y a des moments « magiques » pour la viande (et votre portefeuille), comme en novembre, quand les magasins vident leurs frigos pour faire de la place pour les aliments de fêtes (les promotions sont importantes), ou la première quinzaine de janvier pour le porc…
- Les agriculteurs vendent des caisses de viande à des prix très intéressants, et la qualité est au rendez-vous (faites travailler nos petits producteurs locaux ! Ce sont eux qui nourrissent la France, donc nous et nos animaux).
- Vous pouvez utiliser les aliments en conserve (légumes, poissons) : la qualité nutritionnelle et les prix sont intéressants. En plus, c'est pratique pour préparer des « plats-minute » et sans cuisson. Exemple : sardine à l'huile + boîte de haricots verts + un peu de pain émietté et hop, l'assiette de Médor ou de Minou est prête en cinq minutes.

- Un animal qui mange bien est... en meilleure forme ! Ce qui diminue considérablement les maladies et autres soucis de santé, faisant fondre le budget vétérinaire comme neige au soleil.

Comme je dis toujours : *« Un animal, c'est un budget, mais dépensez-le dans les bons aliments plutôt que dans les médicaments. »*

57) Quelle place prévoir dans le frigo, le congélo ?

Si vous n'avez qu'un animal à nourrir, c'est comme si vous aviez un enfant à temps plein ; cela ne nécessite pas vraiment d'espace à prévoir dans le frigo. Mais si vous avez plusieurs animaux, comme trois ou quatre chats, ou des animaux différents, par exemple deux chats et deux chiens, cela oblige à un peu plus d'organisation et de place de stockage.

En profitant de promotions, de lots de viande, de paniers de légumes, etc., vous ferez des économies, mais cela implique qu'il faudra prévoir des endroits de conservation appropriés. Par exemple, vous pouvez réserver un étage du frigo pour les aliments des animaux (plaquettes de jambon, fromage, yaourts, viande à cuisiner...), ainsi qu'une partie d'un bac de surgélateur pour les aliments congelés (viande, volaille, légumes surgelés, rations préparées, restes de plats cuisinés...).

Une astuce très pratique consiste aussi à avoir une grande réserve de boîtes de conserve en tous genres : légumes, macédoines, poisson, rillettes, confits... Ainsi, pour les soirées où vous n'avez pas le courage de cuisiner, vous irez pêcher dans vos stocks de quoi préparer rapidement un bon petit plat pour vos animaux, sans trop vous fatiguer.

58) Comment faire en vacances?

Deux cas de figure sont envisageables pour vos animaux quand vous partez en vacances: soit ils viennent avec vous, soit vous les laissez quelque part (chez vous, dans la famille ou en pension).

Dans le premier cas, le problème se pose si vous n'avez pas accès à une petite cuisine ou à un frigo sur votre lieu de vacances (ex.: hôtel). Dans ce cas, vous pouvez donner des aliments industriels le temps de votre séjour (nourriture humide plutôt que croquettes). Vous pouvez aussi prévoir quelques boîtes de conserve (poisson, légumes), quelques plaquettes de jambon ou un peu de fromage pour compléter. Pas de problème pour ces quelques jours de « malbouffe » puisque, le reste de l'année, votre animal mange sainement, à savoir vos plats maison.

Si votre animal ne part pas avec vous, il faudra prévoir sa nourriture et demander au gardien de lui en donner chaque jour, soit des plats tout prêts que vous aurez mis à sa disposition (frigo, congélateur), soit quelques boîtes de pâtée ou des sachets faciles à utiliser. Si le gardien ne peut passer qu'une fois par jour, prévoyez alors aussi un bol avec un peu de croquettes.

Bien sûr, ce n'est pas l'idéal, mais ce n'est que pour un court laps de temps, et vous vous rattraperez en lui préparant de bons petits plats maison dès votre retour (et aussi, pour vous faire pardonner de votre absence!).

59) Manger bio, manger local: pour nos animaux aussi!

Si vous décidez de prendre du temps – et de l'argent – pour nourrir naturellement votre animal, le mieux est de commencer par choisir les ingrédients les plus sains possible.

D'abord, **pas de produits transformés**! Juste des aliments frais et simples que vous allez préparer vous-même (éplucher, laver, découper, cuire...). Redécouvrez ainsi le temps et le plaisir de cuisiner, surtout pour votre boule de poils !

Puis, préférez des **produits provenant de France**. Que ce soit pour les fruits, les légumes ou les viandes, les conditions de production et les mesures sanitaires – même si ce n'est pas parfait – y sont les plus strictes, les plus contraignantes et donc les plus saines possible : suivi sanitaire, limitation des produits chimiques, éthique et conditions d'élevage allant en s'améliorant, confiance envers les producteurs qui, pour la plus grande majorité, jouent correctement le jeu et font du très bon travail, etc. Entre un artichaut de France et un artichaut d'Espagne, il n'y a pas photo... le prix justifiant le plus souvent la qualité et le travail des éleveurs et des cultivateurs français. Autrement dit : faites bosser nos agriculteurs !

Pour aller encore plus loin, vous pouvez choisir des **produits « bio »** de France, car les produits « bio » d'autres pays ne sont pas si bio que cela... En effet, et même si ce n'est pas encore parfait, ces aliments doivent être produits suivant un cahier des charges drastique, donc avec les conditions de production et de fabrication les plus naturelles et sûres possibles.

Des contrôles sont effectués et, même s'ils ne sont pas suffisants, c'est toujours mieux que des productions « anarchiques », pleines de produits chimiques – pour augmenter le rendement au détriment de la qualité – et sans aucun contrôle. Sachez aussi que si, aujourd'hui, les prix sont encore un peu élevés (quoique pas vraiment, au regard de la qualité), plus il y aura de consommateurs pour ces produits bio, plus les prix baisseront !

C'est donc un cercle vertueux que l'on favorise en consommant de tels produits, en favorisant l'économie verte et en préservant la santé de nos animaux car, avec des produits sains et moins pollués, ils seront moins malades.

Enfin, le top est de **manger local** (locavore). Même si ce n'est que pour quelques aliments, si vous avez la possibilité d'aller les chercher directement chez un producteur local ou *via* une structure de type

AMAP (marché de producteurs), c'est le mieux. En effet, connaître le lieu et la source de vos œufs, de votre viande ou de vos légumes vous permet de savoir où et comment ils sont produits. Certains agriculteurs, maraîchers ou cultivateurs organisent même parfois des journées « portes ouvertes » pour vous montrer la qualité de leur travail et, donc, la qualité de votre nourriture. C'est plus convivial et surtout plus sain, nutritionnellement parlant !

En conclusion, comme disait mon prof : « *Si on ne peut pas faire mieux, en tout cas, on peut faire moins pire* », et c'est exactement ce que l'on fait avec des produits simples, « bio », de France et si possible d'origine locale, donc produits près de chez vous.

60) Que veut dire « manger humide » ?

Il existe deux sortes d'aliments :

- **Les aliments secs :** ils sont en fait déshydratés, « desséchés » comme le lait en poudre ou, pour nos animaux, les croquettes (contenant en moyenne 10 % d'humidité).
- **Les aliments humides :** ils sont non secs, comme tous les autres aliments, contenant en moyenne 70 à 80 % d'humidité (crus ou cuits).

Un dicton dit : « *On est ce que l'on mange.* » Or, comme chaque être vivant est constitué d'environ 70 à 80 % d'eau, on est prévu pour manger des aliments contenant ce même pourcentage d'eau. Et c'est bien ce que l'on fait avec une alimentation naturelle car on mange des aliments humides, constitués de 70 à 80 % d'eau : de la viande juteuse, des légumes cuits, des fruits... Concrètement, nous avalons les trois quarts de l'eau que l'on doit absorber chaque jour par le biais de notre alimentation, boire ne couvrant que les 20 % restants de nos besoins hydriques. C'est ainsi que Dame Nature a prévu les choses pour les humains, pour les chiens et pour les chats.

Manger des aliments humides = boire + manger en même temps.

Mais avec les produits industriels, dont les croquettes pour animaux, tout est faussé : ils avalent une alimentation sèche, n'apportant que 10 % de leur eau (au lieu de 70 à 80 %). Le déficit en eau est donc énorme chaque jour : ils ne s'hydratent pas assez ! Et ce qu'il faut bien comprendre, c'est que même s'ils boivent « comme des trous », ils ne compensent JAMAIS totalement ce manque d'eau. En effet, ils ne savent pas boire les 60 ou 70 % manquants (encore moins le chat, qui est un très petit buveur).

Les aliments secs sont NON physiologiques, donc anormaux.

De fait, les problèmes de santé chez les animaux nourris aux croquettes sont, directement ou indirectement, liés à cette situation de sous-hydratation perpétuelle : poil sec, coussinets craquelés (comme le sol dans le désert), trop peu de larmes à l'origine de kératite sèche de la cornée, calculs urinaires, insuffisance rénale, problèmes cardiaques souvent liés à une hypovolémie...

Après tout, mangeriez-vous du lait en poudre sans rajouter d'eau ? Ou rien que des aliments séchés au four (type chips) ? Ou des céréales sans lait ? Imaginez-vous pouvoir ne manger que des aliments secs, et rien d'autre toute votre vie, sans mouiller quoi que ce soit ? Impensable. Vous comprenez maintenant ce que vous faites subir à votre animal.

Composition de l'animal, des aliments humides et des croquettes

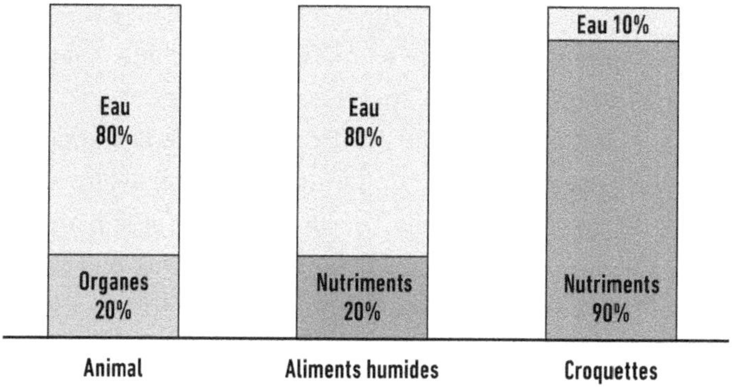

Le schéma ci-dessus illustre la phrase : « *On est ce que l'on mange.* » Paradoxalement, on pourrait croire que les croquettes sont meilleures car contenant plus de nutriments, mais ce n'est pas le cas :

- Les besoins de l'organisme sont plus importants en eau qu'en nourriture. On a donc plus besoin de boisson que d'aliments solides. Manger une alimentation humide correspond mieux à nos besoins qu'une alimentation contenant trop de nutriments et pas assez de liquide, comme les croquettes. Pour illustrer la supériorité des apports liquides par rapport aux apports solides, sachez que l'on met un ou deux mois à mourir de faim, mais que trois jours sans boisson suffisent pour mourir de soif... Preuve que les besoins liquides sont plus importants à couvrir que les besoins solides (nutriments).
- Même si le pourcentage de nutriments est supérieur pour les croquettes (car elles contiennent moins d'eau), ceux-ci ne sont pas de bonne qualité. En plus, ils sont totalement dénaturés par les procédés de fabrication (dessèchement, cuisson-extrusion, compression...). Aussi, avaler beaucoup de nutriments ultra-transformés et peu nutritifs n'a aucun intérêt.

61) Boisson : que lui donner à boire ?

Comme on vient de le voir dans la question précédente, les trois quarts de la boisson sont pris normalement *via* la nourriture (pour peu qu'on mange bien, donc des aliments humides). C'est normal car, dans la nature, les points d'abreuvement sont peu nombreux, alors que les proies sont plus faciles à trouver. En mangeant, les prédateurs font donc d'une pierre deux coups.

En fait, il ne reste plus qu'un quart des besoins à boire en avalant un liquide « pur », ce qui ne représente pas une grande quantité pour le chien, et encore moins pour le chat (qui est un petit buveur).

Combien d'eau le chien ou le chat a-t-il besoin d'absorber chaque jour ?

C'est très variable d'un individu à l'autre, mais en moyenne, les besoins sont estimés à une quantité de 20 à 40 ml par kilo d'animal et par jour. D'une façon générale, plus il boit (sans excès, évidemment), mieux il se porte.

Voyons ce point avec un exemple chiffré. Comptons un besoin moyen de boisson de 30 ml par kilo et par jour.

Pour un chien de 20 kg, cela représente donc 30 ml × 20 kg = 600 ml, soit plus d'un demi-litre de boisson journalière. De ces 600 ml, près de 80 % sont absorbés *via* les aliments humides ; il ne lui reste plus qu'à boire les 20 % de 600 ml restants, soit 120 ml, une dose facile à consommer.

En revanche, s'il mange des croquettes, il n'absorbe que 10 % de ses besoins liquides *via* la nourriture sèche, donc 60 ml, et il devrait boire le restant, soit 600 - 60 ml = 540 ml, donc un demi-litre d'eau chaque jour !

Faisons la comparaison :

- **aliments humides** : 120 ml à boire (= quantité normale) ;
- **croquettes** : 540 ml à boire, soit presque quatre fois plus que la normale.

Si certains chiens sont de gros buveurs, ils peuvent y arriver ; sinon, les chiens petits buveurs et les chats ne compensent jamais en totalité ce manque de liquide.

Autrement dit, l'animal ne boira jamais suffisamment pour compenser l'eau que les croquettes ne lui apportent pas.

Les conséquences de manger du sec sont multiples : l'alimentation sèche amplifie les carences en liquide, ralentit le métabolisme, provoque des maladies liées à cette sous-hydratation (calculs urinaires, yeux secs...) et fait vieillir plus vite. C'est encore plus vrai chez les très petits buveurs (petits chiens, chats).

C'est aussi amplifié par un paradoxe : ce n'est pas parce qu'un animal a soif qu'il va boire ! Souvent, s'il a une petite soif, il boit plus. Mais s'il a une grande soif, il s'arrête de boire ! C'est d'ailleurs ce qui explique le « coup de chaleur » en été : malgré la chaleur, l'animal ne boit pas toujours assez et attrape alors un « coup de chaud ». Ne comptez donc pas trop sur son instinct hydrique pour compenser une alimentation desséchée !

Quelle boisson lui donner ?

Voyons le type de boisson disponible pour nos chiens et chats.

Comme dit plus haut dans cette question, la boisson la plus classique est l'eau, provenant de deux sources : l'eau-boisson que l'on boit (pour les 20 % des besoins journaliers) et l'eau-aliment, celle que l'on avale *via* la nourriture humide (couvrant 80 % des besoins quotidiens).

L'eau est le SEUL nutriment – liquide – que l'on peut, et même que l'on DOIT donner à volonté !

Le cas du chat

Contrairement au chien, le chat n'aime pas boire, il préfère plutôt « jouer » avec l'eau : il met sa patte dans la gamelle, il joue avec le robinet... C'est une attirance que l'on peut exploiter pour le faire boire un peu plus. Dans la plupart des cas, il préférera aussi l'eau croupie d'un vieux seau à votre bol d'eau bien fraîche, mais cette habitude ne doit pas vous décourager de changer son eau chaque jour !

L'eau du robinet convient bien. Mais attention cependant aux eaux trop chargées en minéraux, par exemple trop calcaires, à l'origine de problèmes urinaires sérieux (calculs urinaires dès l'âge de 1 ou 2 ans).

L'eau en bouteille convient aussi, mais il faut régulièrement varier de marque car chaque eau en bouteille a sa spécificité minérale (riche en magnésium, en potassium...). Si l'animal boit toujours la même marque d'eau, il peut aussi attraper des calculs urinaires par accumulation des mêmes minéraux. Le mieux est de choisir une eau à faible teneur en minéraux et d'un pH relativement bas, de type acide (inférieur à 7). Normalement, c'est indiqué sur l'étiquette de la bouteille (en tout petit). Mais une telle eau n'est pas facile à trouver, la plupart d'entre elles étant alcalines (pH supérieur à 7) et adaptées à la consommation humaine.

Astuce : une sorte d'eau destinée aux bébés et aux petits enfants a aussi un pH adéquat pour nos animaux.

D'autres boissons ?

À part l'eau, on a le lait, classique chez le chat, également possible chez le chien en habituant progressivement l'animal à le digérer : d'abord du lait dilué avec l'eau, jusqu'à du lait pur (voir question suivante).

Mais pas question de leur donner du café, du thé, et encore moins du soda, de la bière, du vin ou de l'alcool ! Tous ces breuvages sont néfastes pour les animaux car ils contiennent des substances déconseillées pour eux : caféine, théobromine, théophylline, alcool...

Astuces pour augmenter la prise de boisson

- Laisser un bol rempli d'eau dans l'évier.
- Profiter de votre besoin d'eau (remplir une casserole, par exemple) pour la laisser couler en un fin filet d'eau, attirant le chat curieux.
- Placer une coupelle dehors et laisser faire la pluie, le chat ayant des goûts bizarres (l'eau croupie, c'est meilleur...).
- Préférer la nourriture humide à l'alimentation sèche (couvrant ainsi au moins 80 % de ses besoins en eau).
- Mélanger un peu d'eau avec sa ration ; c'est l'un des avantages des boîtes ou de la cuisine maison, puisqu'il est facile de rajouter un peu d'eau ou du jus de viande dans cette nourriture déjà humide.
- L'habituer à boire du lait (mais pas le lait commercial pour animaux, plein de conservateurs !).

62) Et le lait?

Si l'animal en a l'habitude, il peut boire du lait sans problème!

Alors, pourquoi entend-on souvent dire: «*Le lait, c'est mauvais*»?

Quand il est bébé, l'animal doit boire du lait car c'est son seul aliment. De fait, la Nature étant bien faite, il produit des enzymes qui découpent les différents composants du lait (notamment des lactases), permettant sa digestion. Donc, un bébé peut et doit boire le lait de sa mère (ou du lait maternisé), car il a tout le matériel pour le digérer.

Chez l'adulte, donc après le sevrage, l'animal ne produit presque plus de lactases, donc les enzymes digérant le sucre du lait (lactose). En théorie, il ne peut plus digérer le lait. Mais quand il est habitué à en boire, il développe dans son intestin une flore bactérienne tout à fait capable de digérer le lait «à sa place», grâce à des bactéries «spéciales lait» (découpant le lactose). Ces bactéries remplacent donc les enzymes (lactases) et prennent le relais pour la digestion du lait. Ainsi, le lait est digéré par des bactéries (au lieu des enzymes qu'il n'a plus), mais il est digéré quand même! Donc dire que «le lait est mauvais pour l'adulte» est faux.

Le seul cas où le lait pose un – petit – problème de digestion chez l'adulte, c'est s'il n'a pas dans ses intestins ces bactéries «spéciales lait». Dans ce cas, les crottes deviennent liquides et les propriétaires pensent «caca liquide = nourriture pas bonne». En fait, si les crottes sont liquides, c'est juste parce que l'aliment n'est pas bien digéré, ce qui est normal si l'animal n'a pas ces bonnes bactéries «spéciales lait». Mais dès que sa flore intestinale contient ces bactéries particulières, la digestion de lait est possible (cacas normaux).

Comment faire pour que l'animal acquière ces bonnes bactéries «spéciales lait»? En habituant progressivement l'adulte, chien ou chat, à boire du lait. On lui donne d'abord du lait en petites quantités pendant quelques jours (quelques gouttes dans de l'eau) pour que ces bactéries «spéciales lait» s'installent dans les intestins.

Puis on augmente petit à petit la proportion de lait par rapport à l'eau :

- d'abord 1/4 lait + 3/4 eau, pendant quelques jours ;
- puis 1/2 lait + 1/2 eau, pendant quelques jours ;
- puis 3/4 lait + 1/4 eau, pendant quelques jours ;
- puis rien que du lait pur.

C'est ce qu'on appelle la « transition alimentaire » (dans ce cas-ci, pour l'introduction du lait). Ainsi, les intestins sont progressivement colonisés par les bactéries « spéciales lait » et l'animal adulte peut digérer le lait sans problème.

Vous pouvez utiliser du lait entier mais, si votre animal a tendance à l'embonpoint, préférez le lait demi-écrémé.

Entretenir les bonnes bactéries « spéciales lait »

Une fois cette flore installée, entretenez-la en donnant du lait régulièrement, au minimum une ou deux fois par semaine, mais vous n'êtes pas obligé de donner du lait tous les jours, sauf si vous et votre animal le désirez. Par contre, l'eau est pour tous les jours, et à volonté.

Quid de l'intolérance au lactose ?

La vraie intolérance au lactose est rarissime chez le chien ou le chat (elle est estimée à moins de 0,1 % des individus). En fait, chez les animaux, on confond la « vraie intolérance au lactose » avec un manque de bactéries « spéciales lait ». Or, on vient de voir que l'on peut refaire cette flore pour que l'animal digère ce liquide.

Néanmoins, si vous ne voulez pas vous embêter avec le lait chez votre animal, donnez-lui du fromage et/ou du yaourt car le lactose est absent de ces deux aliments grâce au procédé de fabrication, puisque déjà « digéré » par les bactéries (du fromage ou du yaourt).

Enfin, je vous déconseille le lait « spécial chat », une invention purement commerciale, plus riche en produits chimiques et en conservateurs que le lait classique. D'ailleurs, il est placé au rayon « animaux », c'est-à-dire dans un lieu non réfrigéré. Bizarre pour un lait qui, normalement, doit se conserver au frais...

63) Aliments, nutriments : qui fait quoi ?

Les gens confondent souvent les aliments et les nutriments. Quelle est la différence ?

Les aliments sont les ingrédients que l'on peut manger. On les classe en plusieurs catégories : les viandes, les poissons, les légumes, les fruits, les féculents, les céréales, les dérivés des produits laitiers, les œufs, les huiles végétales...

Les nutriments sont les molécules dont l'organisme a besoin pour fonctionner. On les regroupe en plusieurs familles : les protéines, les sucres (= glucides), les graisses (= lipides), les vitamines, les minéraux et les oligo-éléments.

Les deux sont directement liés puisque les ingrédients (= les aliments) contiennent les nutriments nécessaires à l'organisme.

Concrètement, un animal mange des aliments et, lors de la digestion, son intestin absorbe des nutriments. Par exemple, en ingérant du poulet, un chien assimile surtout des protéines animales ainsi qu'un peu de matières grasses. Les aliments, c'est-à-dire les ingrédients des repas, sont donc sources des nutriments indispensables pour le corps.

D'où le dicton « *on est ce que l'on mange* » : nos aliments fournissent toutes les molécules dont l'animal a besoin pour bâtir son propre organisme. Ainsi, par extension, si l'on mange sainement, on sera en bonne santé. C'est exactement pareil pour nos chiens et nos chats.

La difficulté, pour la plupart des gens, c'est de savoir dans quel aliment se trouve tel ou tel nutriment. Autrement dit, « *qui contient quoi ?* ». Par exemple :

- Quels aliments contiennent de la vitamine D ?
- Quels ingrédients limiter pour éviter les sucres lents ?
- Que donner à manger à son chien souffrant d'anémie et ayant besoin de fer ?
- Mon chien a besoin de vitamine E, où en trouver ?

Retenez simplement ces quelques points importants :

- les protéines animales et les graisses animales se trouvent dans les produits carnés : viandes, poissons, œufs et dérivés laitiers ;
- les protéines végétales se trouvent dans les légumes, les légumineuses et les céréales ;
- les graisses végétales sont dans les huiles végétales (colza, tournesol, noisette...) ainsi que dans les fruits secs de type noix, noisettes, cacahuètes, amandes... ;
- les sucres lents sont surtout dans les féculents et les céréales ;
- les sucres rapides dans les fruits (d'où leur goût sucré) ;
- les fibres, vitamines et minéraux sont surtout présents dans les fruits et les légumes.

Pour les nutriments plus spécifiques (fer, calcium...), les aliments qui en contiennent sont cités dans les paragraphes qui abordent ces sujets.

64) Peut-on ajouter des probiotiques ? Si oui, lesquels ?

Les probiotiques sont les « bonnes bactéries » des intestins. Si l'animal mange bien, ces bonnes bactéries s'installent toutes seules, naturellement et progressivement au fil des repas. On peut booster cette population avec des aliments qui en contiennent plus.

Deux types d'aliments sont à privilégier : les **fromages** et, surtout, les **yaourts** (natures ou aux fruits, selon les préférences de votre compagnon). On peut aussi donner de temps à autre de la **levure** (type « Ultralevure ») en poudre ou en comprimés, par exemple deux ou trois fois par semaine, mais ce n'est pas une obligation car les bons aliments variés sont normalement suffisants. L'avantage de la levure est qu'elle contient toutes les vitamines B et favorise le système cutané (fourrure bien fournie, repousse du poil, belle peau...).

Quant aux probiotiques commerciaux (compléments alimentaires en poudre ou en comprimés), il vaut mieux ne pas en abuser car certains ne correspondent pas à la flore normale des carnivores (flore de type acide), et d'autres ont même tendance à donner la « coulante » (diarrhée) à des chiens ou chats dont les boyaux sont un peu sensibles. Préférez donc une alimentation saine, variée, avec des probiotiques naturels.

65) Mon animal mange de l'herbe, qu'est-ce que cela signifie ?

Souvent, quand un chien ou un chat suçote quelques brins d'herbe, c'est pour essayer de se faire vomir, car c'est l'effet que provoquent les substances amères des végétaux sur l'estomac : « *Retour à l'envoyeur !* »

La question est alors de savoir pourquoi l'animal veut se faire vomir. Plusieurs raisons le poussent à faire cela, mais toutes sont liées à une sensation désagréable dans l'abdomen, et dont il veut se débarrasser : mauvaise digestion, douleur, ballonnements, crampes... Bref, « quelque chose » le dérange dans le ventre et il préfère l'expulser. Ce « quelque chose » peut être de différentes natures :

- **La cause la plus fréquente : les vers digestifs !** L'intérêt de vermifuger son animal, même préventivement, est bien justifié (vermifuge deux fois par an pour le chien et le chat d'intérieur, et trois à quatre fois par an pour le chat qui sort).

- **Un aliment « qui passe mal » :** quand le tube digestif identifie un aliment comme « suspect » ou malsain (microbes, aliment pourri...), un mécanisme se met en place pour l'expulser dans le sens contraire de la marche (autrement dit : de dedans vers dehors, et par l'avant), afin qu'il n'y ait pas de préjudice sur la santé. C'est donc un bon mécanisme et, comme je dis toujours : « *Mieux vaut dehors que dedans.* »
- **Une douleur digestive** due à un problème médical (inflammation, irritation...). Le cas le plus fréquent est le foie surchargé, source de nausées, de vomissements (comme nous après un repas trop gras à Noël). L'animal montre aussi souvent deux autres symptômes qui doivent y faire penser : il mange moins voire pas du tout car il est dégoûté (il va à sa gamelle mais n'avale que peu d'aliments puis s'en détourne, écœuré) et il boit plus (les problèmes de foie augmentent la soif).
- **D'autres problèmes abdominaux** peuvent être à l'origine de cette envie de se faire vomir, mais avec d'autres symptômes : il arrête de manger, il vomit du sang, il maigrit... Cela nécessite des examens vétérinaires et s'accompagne parfois d'un pronostic plus sombre (inflammation intestinale, occlusion, adhérences, tumeur...).

Comment vomissent les animaux n'ayant pas d'herbe à disposition ?

Les animaux vivant à l'intérieur ou n'ayant temporairement pas accès à l'extérieur, donc aux herbes, vont essayer de se faire vomir en mangeant des plantes d'intérieur (attention, car certaines sont toxiques) ou en buvant de grandes quantités d'eau, qu'ils recrachent directement après.

Si vous ne voulez pas que votre animal le fasse (quand il suit un traitement digestif, par exemple), ne mettez pas une grande gamelle d'eau mais juste un fond, que vous remplirez plus souvent. Ainsi, l'animal n'a pas l'occasion de se remplir trop l'estomac – plus ce dernier est gonflé et distendu rapidement, plus le vomissement se déclenche. Il va alors boire de petites quantités plus souvent, et il ne vomira pas.

66) Quels aliments éviter ou interdire chez les chiens et les chats ?

Le bon sens nous a déjà rappelé qu'il ne faut leur donner à manger ni trop gras, ni trop salé, ni trop sucré, ni trop épicé. Ainsi, la plupart des aliments sont comestibles pour nous comme pour nos animaux de compagnie, à part quelques exceptions.

Le chocolat

Grand classique parmi les aliments à éviter chez nos animaux familiers : le chocolat !

Son danger est en fait lié à la dose ingérée : une très petite dose chez le chien ou le chat suffit à le rendre malade, voire à le tuer (symptômes nerveux et cardiaques, convulsions, coma). Donc, pour une précaution maximale, on préfère dire que le chocolat est dangereux (plutôt que d'essayer de faire retenir des doses maximales).

Attention donc aux deux périodes les plus propices à l'ingestion par mégarde de chocolat par nos animaux : Noël et Pâques, les ballotins restant souvent ouverts sur la table basse... donc accessibles à nos petits gourmands qui n'imaginent pas le danger et s'empiffrent dans notre dos.

L'ail, l'oignon, l'échalote

Les aliments de la famille des liliacées, plus connus comme étant l'ail, l'oignon et l'échalote, ne sont pas des toxiques violents pour nos carnivores qui n'en meurent pas immédiatement, sauf cas rares (« *J'ai vermifugé mon chien avec de l'ail mais il n'a pas été malade* »). Mais ces plantes sont plutôt des poisons lents et passant inaperçus : l'ail ou l'oignon intoxiquent le carnivore petit à petit et insidieusement (empoisonnement interne non visible) *via* leurs molécules soufrées. Ces dernières provoquent la destruction des globules rouges (chez les carnivores, mais pas chez nous, humains omnivores), à l'origine d'une anémie hémolytique parfois sévère, pouvant même aller jusqu'à la mort.

La dose toxique est difficile à déterminer selon les individus et les races, mais on estime qu'un oignon entier est dangereux pour un chien de 10 kg. Donc, on n'en donne pas dans les plats maison (vous les ajoutez dans votre portion si vous aimez cela), ni cuits, ni crus, ni même pour un traitement vermifuge qui sera de toute façon inefficace. Concernant le boudin noir (vu dans la question 30), vous pouvez bien sûr en donner mais PAS le boudin noir aux oignons. Choisissez plutôt le boudin noir à la crème ou à la pomme.

Et les poireaux ?

Les poireaux appartiennent à la même famille botanique et sont également déconseillés. Néanmoins, ne contenant que très peu de composés problématiques (les poireaux ne piquent pas et ne font pas pleurer comme l'ail ou l'oignon), on peut les utiliser de temps à autre dans les plats maison, à condition de bien les cuire.

Le raisin

Les raisins sont cités comme dangereux chez nos animaux de compagnie, mais depuis très peu de temps (moins de dix ans). Si ce fruit était vraiment toxique, on le saurait depuis longtemps, au moins depuis le temps des Romains, et encore plus dans nos régions viticoles. Or, ce n'est pas le cas. De plus, on ne connaît pas vraiment la substance posant problème. Alors, avec des cas d'intoxication très récents et sans connaître la molécule problématique, on peut se poser la question : est-ce vraiment le raisin qui est toxique... ou les produits chimiques qui sont dedans ?

De fait, le raisin est le fruit le plus pollué de nos étals. D'ailleurs, une dame m'a dit un jour que son chien mangeait chaque année beaucoup de raisins – non traités – de son jardin et qu'il n'était jamais tombé malade. On ne connaîtra la vérité que le jour où l'on identifiera précisément la molécule responsable.

Par précaution, il vaut mieux éviter le raisin, ou ne le choisir que bio et non traité, en ne donnant qu'un ou deux grains par gourmandise, mais pas plus. À titre indicatif, pour un chien de 10 kg, une grappe suffit à le rendre malade (dose toxique : entre 10 et 50 grammes par kg de chien).

Attention aux raisins secs !

Ils sont encore plus à craindre du fait de leur forme déshydratée, concentrant les molécules potentiellement toxiques.

L'avocat

L'avocat est responsable de troubles digestifs chez nos animaux de compagnie (il est même toxique et mortel chez les oiseaux). On évite donc de leur en donner, cru ou cuit. Dans ce cas-ci, la molécule incriminée est bien naturelle : il s'agit de la persine. D'ailleurs, l'avocat fait aussi partie des végétaux les plus pollués (cultures intensives, pesticides...) ; donc, la présence de produits chimiques à l'intérieur ne doit certainement rien arranger.

Ne donner que des fruits et légumes bien mûrs !

Les tomates et les pommes de terre font partie de la même famille botanique : les solanacées. Les parties vertes de ces plantes contiennent de la solanine, une substance toxique. Mais pas les tomates bien rouges ni les pommes de terre bien jaunes ! Pour les humains comme pour les animaux, on ne donne aucune partie verte : pas d'épluchures (ni crues, ni cuites), pas de parties germées, ni de feuilles, ni de tiges, ni de fruits encore verts ! En revanche, bien cuites, tomates et patates sont parfaites dans un repas maison, pour nous comme pour nos compagnons.

Le chou

Le chou n'est pas conseillé, non pas pour une quelconque toxicité, mais parce qu'il favorise les fermentations intestinales, responsables de flatulences et de ballonnements. Cependant, certaines personnes m'ont dit que leur chien adorait le brocoli ou que leur chat aimait le chou-fleur ou la choucroute (surtout pour son côté acide), sans que cela ne provoque de désordres digestifs. Donc, si votre animal aime cela et le digère bien, vous pouvez lui en donner en quantité raisonnable.

Les crevettes

Les crevettes sont très bonnes et nutritives mais, très souvent, elles font vomir l'animal – surtout le chat – car elles sont tout simplement trop salées ! Donc, soit vous choisissez une marque de crevettes peu salées (goûtez-les avant), soit vous les rincez à l'eau claire systématiquement avant de les distribuer à votre protégé.

Les noix de macadamia

Récemment, on a découvert que les chiens sont très sensibles aux noix de macadamia, un fruit sec exotique. Il semblerait qu'une très faible quantité ingérée soit suffisante pour rendre l'animal bien malade, sans pour autant qu'on connaisse la molécule responsable (un composant, un polluant, un contaminant ?). Donc, prudence si votre chien tourne autour de la table basse où trônent les mélanges apéritifs contenant divers fruits secs.

Les plantes d'intérieur

Beaucoup de plantes d'intérieur sont dangereuses si votre chat ou votre chien les ingèrent, mais nous ne les passons pas en revue ici car elles ne font pas partie de l'alimentation (végétaux non comestibles). De façon générale, empêchez votre animal de manger les plantes d'intérieur (ne pas mâchouiller les feuilles…) et de boire l'eau des fleurs (par exemple, l'eau du muguet est très toxique !).

67) Comment bien faire le sevrage du chiot et du chaton ?

Pour bien faire quelque chose, encore faut-il savoir ce que c'est précisément. Donc, le sevrage, qu'est-ce que c'est exactement ? **Le sevrage est le passage progressif du lait maternel pour bébé à l'alimentation d'adulte.** Classiquement, cette transition se fait petit à petit, du lait vers la nourriture naturelle variée et à base de produits carnés pour le jeune carnivore. Donc, en pratique, on procède au sevrage chez un animal en fin de lactation (gros bébé) vers le stade « jeune », le jeune mangeant la même chose que le futur adulte.

Il est important de savoir que sevrer un animal consiste en deux étapes indispensables et complémentaires : arrêter progressivement le lait maternel ET commencer à manger de tout, comme un adulte. Or, dans la tête des gens, sevrer signifie « arrêter le lait ». Ils oublient que c'est surtout la deuxième étape qui est la plus importante : habituer le jeune à manger de tout, comme l'adulte !

Alors, comment bien procéder au sevrage du chiot ou du chaton ? C'est simple : dès l'âge d'un mois et demi, on introduit petit à petit dans ses rations, et de jour en jour, des aliments naturels, sains et bien préparés (aliments cuits, coupés en tout petits morceaux...). En fait, on fait comme pour un bébé humain ! On l'habitue graduellement à la viande, aux légumes, aux féculents... bref, à tous les aliments qu'il mangera quand il sera adulte.

On procède d'abord par petites quantités (3/4 des repas avec le lait de la mère + quelques petits repas d'aliments), puis de plus en plus grandes (1/4 de lait maternel + la majorité des repas en aliments). C'est facile car cela correspond à deux choses qui se passent pile à ce moment-là (la Nature est bien faite !) :

- la mère a de moins en moins de lait ;
- les petits s'intéressent de plus en plus à ce que leur mère mange (ils sentent l'odeur de sa bouche, ils tournent autour de sa gamelle...).

Habituellement, le sevrage se déroule sur dix à quinze jours pour passer du « tout lait » au « tout aliment », à partir d'un mois et demi. Donc, à deux mois, le petit est censé être bien sevré : il ne mange plus que des aliments d'adulte.

Grâce à un sevrage normal avec des aliments naturels, on lui apprend et on l'habitue progressivement à beaucoup de choses indispensables :

- apprécier l'odeur et le goût des aliments carnés : il passe du goût du lait maternel au goût normal du carnivore (la viande, le poisson...) ;
- manger et non plus téter ;
- mordre et mâcher des aliments solides et humides (et non plus liquides comme le lait) ;
- reconnaître et varier ses sources de nutriments, lui permettant de s'adapter à ce qu'il va chasser et trouver à manger durant sa vie (il élargit sa « bibliothèque alimentaire », d'un régime mono-aliment à un régime très diversifié) ;
- continuer à fonctionner avec une acidité normale (pH acide) mais d'une source alimentaire différente : non plus le lait maternel (car la mère n'en a plus) mais les produits carnés ;
- installer une flore digestive adaptée à ces aliments correspondant à son régime alimentaire de carnivore adulte (on appelle cette étape l'« ensemencement de la flore »).

Le sevrage est donc une période très importante, complexe et vitale, mais qui se passe simplement et progressivement avec des aliments sains, frais et naturels.

Or, en effectuant le sevrage avec des croquettes chez le jeune, on a tout faux ! On passe d'un régime mono-aliment (lait) à un autre régime mono-aliment (croquettes), qui plus est à une alimentation très loin d'être naturelle et saine (voir les nombreux défauts dans le premier chapitre).

Avec les croquettes, on ne permet pas à sa flore intestinale normale de s'installer : pas de « bibliothèque alimentaire », donc pas de flore bactérienne variée et indispensable à son équilibre digestif, à son pH optimal, à son immunité, à sa santé nerveuse...

De plus, on ne lui apporte pas les bons nutriments carnés : il ne devient donc pas un « vrai carnivore », mais plutôt un « croquettivore », un régime alimentaire que la Nature n'a pas prévu (et qui a des conséquences néfastes sur l'organisme à court ou moyen terme).

Autrement dit, en sevrant votre chiot ou votre chaton avec des croquettes, vous loupez totalement cette étape cruciale de sa vie, car il ne fera pas tous les apprentissages développés précédemment : mâcher, reconnaître les aliments, apprendre le goût, développer la flore...

Conséquences : de plus en plus de jeunes animaux ont des épisodes répétitifs de diarrhée, difficiles à soigner et ayant assez rapidement des impacts sérieux sur leur santé et leur espérance de vie (gastrites et vomissements à répétition, ballonnements, pets malodorants, inflammations digestives chroniques, tumeurs intestinales...).

Conclusion : il faut voir le sevrage comme les fondations d'une maison. Si les fondations sont mauvaises, votre maison ne tiendra pas longtemps. Donc, si le sevrage ne se fait pas correctement avec les bons aliments, la santé de votre animal périclitera rapidement.

Par chance, comme la nature est bien faite, ce sevrage « loupé » peut se rattraper à tout moment (sauf si une maladie grave est déjà enclenchée). En effet, on peut apprendre à tout moment à bien manger, même si l'animal est déjà adulte ! C'est notamment le cas des animaux que l'on passe des croquettes à l'alimentation naturelle, quelle que soit la raison. Cet apprentissage alimentaire tardif (= sevrage tardif) se fait alors plus ou moins rapidement et facilement, suivant les goûts de votre compagnon (voir à ce sujet la question 22).

68) Comment sevrer un chiot ou un chaton orphelin ?

Un chiot ou un chaton orphelin est un petit qui, pour une raison quelconque, n'a pas accès au lait maternel, et qu'il faut nourrir soi-même. Les causes sont diverses : il perd sa mère, il a une mère n'ayant pas assez de lait, il a été rejeté ou retrouvé dans la nature...

Comme le bébé est trop petit (moins de 2 mois), il doit d'abord être nourri avec du lait artificiel, aussi appelé « lait maternisé ». Il s'agit d'une poudre adaptée que l'on mélange avec de l'eau un peu chauffée, à faire avaler par de nombreuses petites tétées régulières sur la journée (et la nuit). Les repas doivent être petits et fréquents, car l'estomac du bébé est tout petit ! Il est donc vite rempli et vite vidé. Pas question de lui faire boire un litre en une fois pour se débarrasser de la corvée ! Comme pour les bébés humains, il faut des « biberons » petits mais très fréquents (toutes les trois heures, au début). Puis, au fur et à mesure que le bébé grandit, les repas deviennent plus volumineux et de moins en moins fréquents (car l'estomac grandit peu à peu, comme le bébé). Enfin vient le moment du sevrage. Le lait doit être diminué régulièrement, au profit des aliments d'adulte.

Pour le bébé orphelin, on fait la même chose que pour le bébé normal, donc ce qui est décrit dans le point précédent (lire question 67), mais avec deux différences importantes :

- on passe du lait artificiel – à la place du lait maternel – aux aliments d'adulte, de la même manière ;
- le sevrage commence dès l'âge d'un mois (au lieu d'un mois et demi), et on peut aller un peu plus vite (sevrage en sept à dix jours).

Résultat : le chiot ou le chaton orphelin peut être normalement sevré dès l'âge d'un mois et demi, sans problème.

Alors, pourquoi dit-on de certains animaux un peu difficiles qu'ils ont été « sevrés trop tôt » ? Cette affirmation est totalement fausse et, surtout, elle déculpabilise le vrai responsable : le propriétaire !

Pour rappel, le sevrage est une période cruciale qui se déroule en trois étapes simultanées :

- diminuer puis arrêter le lait maternel ;
- découvrir et s'habituer à l'alimentation d'adulte ;
- continuer à éduquer le jeune en lui apprenant les règles de vie, les règles de la maison (éducation sociale), que ce soit par la mère si elle est toujours présente, ou par les nouveaux propriétaires si le jeune est placé dans une nouvelle maison à deux mois.

Si le sevrage se fait mal au niveau nutritionnel (étape n° 2 loupée), cela aura des conséquences digestives (diarrhée...). Mais si la période de sevrage se passe mal au niveau éducatif (étape n° 3), alors l'animal aura mauvais caractère à l'avenir car il ne respectera pas les règles de la maison. Et c'est souvent CELA qui se passe avec des maîtres qui n'osent pas éduquer (donc réprimander, voire punir) un tout petit chiot ou chaton, à peine arrivé à la maison. Ils craquent, ils n'éduquent pas correctement cette petite boule de poils de deux mois (« *il est si mignon* »), mais ce petit monstre en puissance en profite : il devient un « sale gosse » ! (« *Chouette, Maman n'est plus là et ces humains sont si "mous" ! Maintenant, je fais c'que j'veux !* »).

En fait, la confusion vient du fait que les trois étapes se passent en même temps : étapes 1 et 2 pour le sevrage alimentaire, étape 3 pour l'éducation sociale. Mais, en réalité, ce n'est pas le sevrage qui se passe mal ou trop tôt, c'est l'éducation et la discipline qui font défaut lors de ce très jeune âge !

Donc, dire qu'un animal est difficile « *parce qu'il a été sevré trop tôt* » est totalement FAUX : il est comme cela parce que le maître n'a pas bien continué son éducation dès qu'il l'a eu ! Alors que, croyez-moi, la mère ne se serait pas gênée pour continuer à éduquer correctement son petit monstre ; elle n'aurait pas craqué devant sa bouille d'ange, contrairement à vous !

Anecdote personnelle

La plupart de mes chats ont été récupérés dans la rue alors qu'ils n'avaient que quelques jours (je viens encore d'en récupérer trois, d'environ dix jours...). Ce sont donc quasiment tous des chatons orphelins ; j'en ai eu plusieurs dizaines, donc je sais de quoi je parle. Et je suis formelle : tous ont été sevrés très tôt et aucun n'a eu de problème de comportement. Je suis en effet une « maman » qui ne craque pas lors de l'éducation : une main de fer dans un gant de velours car, avec ma « meute », il faut de l'ordre ! C'est pour cette raison que je suis si affirmative : c'est du vécu !

En résumé :

Un bébé orphelin peut être sevré un peu plus tôt et un peu plus vite qu'un bébé avec sa mère, exactement de la même manière : en diminuant progressivement le lait au profit des aliments naturels d'adulte.

Et si un chien ou un chat est un peu difficile, ce n'est PAS parce qu'il a été sevré trop tôt (aucune incidence alimentaire sur le caractère), mais parce que le propriétaire (l'éleveur et/ou le nouveau maître) ne l'a pas correctement éduqué dès le début !

69) Quelques conseils alimentaires pour un animal en croissance

Le chien ou le chaton qui grandit a un organisme en développement, avec une multiplication cellulaire « à fond la caisse » ! Autrement dit, ses besoins sont très importants car il est en pleine construction (anabolisme). On sait que les nutriments doivent donc être tous présents pour lui, très régulièrement, dans les aliments, dont certains en grande quantité. En tant que carnivores, on peut alors résumer les besoins les plus importants en quelques points, que l'on va concrétiser par des conseils judicieux.

Lui donner des produits carnés

Le jeune carnivore en croissance a surtout besoin de protéines animales et de matières grasses animales. Ce sont évidemment les deux nutriments de base pour la construction de tous ses tissus (muscles, tendons, peau...). Donc, il lui faut des produits carnés. En fait, c'est la même chose que pour un adulte, mais on insistera sur la quantité, conséquente comme chez les humains : les adolescents consomment comme les adultes, mais en quantités impressionnantes, surtout les garçons. Viande ou poisson doivent donc être donnés tous les jours.

Lui donner du fer

Le jeune a besoin de fer, d'autant plus s'il est de grande taille et/ou s'il a beaucoup de muscles. C'est normal, car un organisme en croissance, c'est un chantier en construction avec des ouvriers qui bossent : il faut donc beaucoup d'oxygène pour les cellules, transporté par beaucoup de globules rouges (dont le noyau est composé de fer). D'où ce besoin important en fer lors de la croissance.

Le fer le mieux assimilé se trouve dans la viande rouge, à donner au moins deux fois par semaine ; dans le foie, maximum une fois par semaine ; et dans le boudin noir (sans oignons ! voir question 30).

Lui donner du calcium

L'animal grandit car ses os poussent. Il va aussi développer sa musculature. Or, les os et les muscles ont de gros besoins en calcium. Il faut donc du calcium en quantité et en qualité dans l'alimentation. L'une des sources les plus simples et les plus efficaces, c'est le fromage ! En plus, celui-ci apporte des protéines carnées et des matières grasses animales, également indispensables (voir ci-dessus). Donc, avec le fromage, on fait d'une pierre trois coups : calcium + protéines animales + matières grasses de qualité.

Quels fromages donner ? N'importe lesquels, mais évitez les fromages industriels ! Préférez le camembert de l'agriculteur du village, les produits vendus directement à la ferme ou les fromages bio. En plus, vous pouvez les utiliser pour apprendre à votre animal comment avaler un comprimé (éducation médicale : exercez-vous en y mettant un petit pois ou un grain de maïs, comme si c'était un comprimé). Fuyez les pâtes crémeuses industrielles car, si elles contiennent quand même du calcium, votre chien ou chat aura en prime des produits chimiques (conservateurs, texturants...), ce qui n'est pas recommandé chez un animal en croissance.

L'autre source intéressante de calcium, pour le jeune animal, c'est le yaourt ! Là, on fait d'une pierre deux coups : le calcium + les bonnes bactéries, pour ensemencer sa flore en développement.

Lui donner des fruits et légumes

Enfin, les aliments indispensables pour la croissance sont les légumes et les fruits, pour tous les tissus comme les tendons, les nerfs... Avec un apport régulier de ces aliments, on fait d'une pierre quatre coups : les fibres + les vitamines + les minéraux + les oligo-éléments... De vrais « couteaux suisses nutritionnels » !

En résumé :

Un animal en croissance doit manger comme un adulte, mais en quantité plus conséquente selon la taille et le gabarit du bébé car il grandit chaque jour ! Les produits carnés, dont le fromage et les sources de fer, sont vitaux. La variété des aliments naturels complétera cette palette nutritionnelle indispensable. De quoi lui permettre de construire les fondations d'une santé « en béton » !

70) Pourquoi mon vieux chien ou mon vieux chat a-t-il toujours faim ?

Faisons simple : quand un animal est vieux, tous ses organes sont vieux et son système digestif aussi. Or, un vieil intestin est un intestin qui absorbe moins bien. En mangeant les mêmes quantités de nourriture qu'avant, en fait, le vieil animal absorbe beaucoup moins de nutriments.

Un exemple concret

Imaginez un animal adulte, chien ou chat, en pleine forme. Son intestin fonctionne bien et absorbe en moyenne 90 % de sa nourriture (surtout si elle est naturelle !). S'il mange un repas de 100 grammes, il en absorbe 90 grammes (les 10 % restants constituant ses matières fécales).

Prenez maintenant cet animal en version « senior » : son intestin aussi est devenu « senior », et il travaille donc moins bien. Disons qu'il absorbe seulement 50 % de sa nourriture (au lieu de 90 % quand il était plus jeune). S'il mange un repas de 100 grammes (comme avant), il n'en absorbe donc plus que 50 %, soit 50 grammes (les 50 % restants constituant ses matières fécales ; d'ailleurs, peut-être avez-vous remarqué que les vieux animaux qui mangent beaucoup font aussi plus de cacas ? Ceci explique cela).

Donc, avec le même repas, suivant qu'il est jeune ou vieux, un animal absorbe 90 grammes ou 50 grammes de nourriture... soit moitié moins ! C'est pourquoi votre vieux chien ou chat a toujours faim : c'est comme si vous lui donniez deux fois moins à manger, alors que ce n'est pas le cas... Mais, dans son intestin, c'est ce qui se passe !

Résumons :

- repas de 100 g chez un adulte = 90 g absorbés + 10 g de crottes
- repas de 100 g chez un senior = 50 g absorbés + 50 g de crottes

Vous pouvez le constater vous-même grâce à une triple preuve :

1. il a toujours faim et veut manger beaucoup plus qu'avant (il réclame plus) ;
2. il maigrit petit à petit (car il absorbe 50 g au lieu de 90 g) ;
3. il fait beaucoup plus de crottes qu'avant (50 g au lieu de 10 g).

En fait, un vieux chien ou chat, c'est comme une vieille voiture : ça consomme plus ! Si vous voyez votre vieil animal toujours affamé, maintenant, vous savez pourquoi.

Concrètement, si vous ne rectifiez pas cette situation rapidement avec quelques adaptations, vous allez perdre votre animal plus vite que prévu, car il ne va pas seulement mourir de vieillesse : il va aussi mourir de faim, même si, paradoxalement, vous le voyez toujours bien manger.

Neuf astuces pour aider votre compagnon vieillissant

Voici des astuces très simples et concrètes à appliquer à votre compagnon vieillissant, pour compenser la diminution d'absorption intestinale normale chez les chiens et les chats seniors.

Ces adaptations sont à faire dès que votre compagnon atteint le stade « senior » (9-10 ans pour un chien, 10-12 ans pour un chat) :

1. **On arrête définitivement les croquettes** (n'importe lesquelles) et on passe à une alimentation humide et, de préférence, naturelle. On le fait pour plusieurs raisons :
   - Un organisme vieux se dessèche progressivement, et encore plus avec une alimentation sèche favorisant une sous-hydratation permanente (voir les questions 60 et 61) ; les aliments humides compensent cette tendance physiologique au dessèchement, accentuée par les croquettes.
   - Des problèmes de dents freinent la prise alimentaire : le senior mange moins, même si vous le voyez toujours la tête dans ses croquettes ! Avec des repas d'aliments humides, vous voyez mieux ce qu'il avale réellement chaque jour (assiette finie ou non).

- Les plats maison sont beaucoup plus odorants, goûteux et appétents ! Or, nos petits vieux sont comme les humains : ils apprécient mieux les bonnes choses en vieillissant (on appelle cela la sagesse…).

2. **On coupe en tout petits morceaux les aliments humides**, voire on les mixe, car, sans dents, les aliments à suçoter sont moins fatigants à avaler que ceux qu'il faut mâcher longuement (morceaux trop gros ou un peu durs, tissus fibreux…). De plus, certains individus vieillissants préfèrent lécher plutôt qu'avaler des bouchées (vous savez : il lèche la sauce ou la gélatine mais laisse les boulettes). On peut alors ajouter un peu de liquide (crème, eau, jus de viande) pour que le repas ressemble à une soupe épaisse, plus facile à léchoter pour les seniors.
3. **On augmente un peu la quantité de chaque repas** (par exemple, donner 130 g au lieu de 100 g), à raison de 30 à 40 %, mais inutile de doubler la quantité car son estomac ne peut pas se remplir deux fois plus !
4. **On augmente la fréquence des repas.** Plutôt qu'un repas matin et soir, on fait comme pour les enfants : repas du matin + une collation à 10 heures + repas de midi + une collation à 16 heures + repas du soir + encore une petite collation avant le dodo s'il le veut. La collation peut être simple : un morceau de fromage, un bout de jambon, une petite pâtisserie, un peu de yaourt… Avec cette méthode, votre animal ne mange plus deux fois par jour, mais quatre ou cinq fois, en respectant chaque fois le volume de son estomac. C'est en fait comme s'il mangeait deux ou trois fois plus par jour, largement de quoi compenser sa diminution d'absorption intestinale.
5. **On augmente la richesse énergétique des repas.** Il y a plusieurs techniques :
   - D'abord, on va donner des aliments plus riches, contenant plus de calories, de façon à contrebalancer le manque d'absorption. En effet, certains aliments apportent plus de calories (donc de « carburant ») que d'autres, notamment tous les aliments gras

(les graisses apportent 9 calories au lieu de 4 pour les sucres ou les protéines, donc plus du double pour la même quantité avalée). Ainsi, l'animal mange peu, mais très énergétique. Exemples : on donne du beurre tous les matins, on donne plus de fromage, on humidifie plus le repas maison avec du jus de viande, on achète du jambon plus gras, on lui réserve les morceaux plus riches (partie grasse du bœuf, morceau gras autour du rôti...). Non seulement, c'est mieux pour votre animal, mais vous noterez aussi que ce sont ces parties qu'il préfère, comme s'il était conscient du bénéfice apporté par ces aliments plus riches.

Beaucoup de gras !

Depuis peu, on a observé que les animaux seniors, notamment les chats, peuvent monter jusqu'à 40 ou 50 % de gras par repas (au lieu des 20-30 % classiques). Il faut juste que leur foie soit bien opérationnel, par un drainage une ou deux fois par an (lire le point 9 de cette question).

- Une variante de l'astuce consistant à donner un aliment plus énergétique consiste à utiliser quelque chose qui n'est pas parfait mais qui marche bien, et qui peut quand même aider votre compagnon senior : les boîtes de pâtée pour chiot ou chaton. Oui, ce sont des aliments industriels (pas bien) mais ce sont des aliments humides (bien) et plus riches (bien), souvent très appétents (bien, même si c'est artificiel), et cela peut être une excellente alternative pour des animaux qui ont du mal à sortir de leurs croquettes industrielles. De fait, selon que votre senior est chien ou chat, en donnant une boîte de pâtée pour chiot ou chaton deux ou trois fois par semaine, vous verrez votre animal reprendre petit à petit du poids.

Remarque : certains rejettent cette solution en argumentant que cette nourriture est trop riche en protéines animales et que « ça fatigue les reins ». Mais c'est faux, car :

- ce sont surtout les protéines végétales des croquettes que l'animal a mangé toute sa vie qui ont fatigué ses reins ;
- c'est aussi l'alimentation sèche avalée pendant des années qui épuise les reins (car ils doivent économiser l'eau au maximum) ;
- on ne donne ces pâtées que deux ou trois fois par semaine (pas de quoi leur bousiller les rognons !) ;
- on a recours à cette astuce seulement quand l'animal commence à vraiment vieillir et qu'il vaut mieux qu'il mange – même ça – que de mourir de faim (car son intestin n'absorbe plus grand-chose).

En voyant que votre animal senior se porte mieux avec cette astuce, vous serez conforté dans l'idée que c'est une bonne solution pour repousser l'échéance finale.

6. **On donne du yaourt plus régulièrement, même tous les jours** : avec un intestin vieillissant, une aide par l'apport régulier de bonnes bactéries pour entretenir la flore intestinale n'est certainement pas inutile. De plus, cet apport calcique est bénéfique chez les animaux seniors car le calcium est bon pour les os et les muscles, dont le muscle cardiaque qui vieillit lui aussi.
7. **On donne du poisson deux fois par semaine** (au lieu d'une fois), car le poisson, c'est bon pour le cerveau, surtout celui d'un senior qui perd petit à petit ses « petites cellules grises » ! N'oubliez pas leurs graisses, riches en oméga 3. Suggestion : vous pouvez donner une boîte de sardines à l'huile et une boîte de maquereaux par semaine. Mais tout autre poisson est bon aussi : saumon, thon, cabillaud, merlu…
8. **On peut un peu augmenter les féculents :** en les augmentant modérément, on favorise la mise en réserve de sucres lents dans l'organisme, une source d'énergie intéressante quand on vieillit. Mais attention à ce que cela ne provoque pas de ballonnement ni de diarrhée.
9. Enfin, pour les seniors, **on draine l'organisme avec des plantes médicinales** une à deux fois par an. Il s'agit du drainage du foie et des reins, deux organes cruciaux pour entretenir la machine et

faire qu'elle s'use moins vite et s'auto-répare mieux (élimination des déchets, limitation des oxydations, amélioration des régénérations...). Un peu comme une vieille voiture à qui l'on fait régulièrement une vidange. Après, votre voiture roule mieux, même si elle est toujours aussi vieille.

Chez la plupart des seniors, toutes ces astuces sont suffisantes pour les « remplumer » légèrement et leur donner un petit coup d'énergie.

Chapitre 3

Les idées fausses (et tenaces !) sur l'alimentation des chiens et des chats

Chaque fois que j'ouvre un livre d'alimentation animale (livre de recettes pour animaux, de conseils alimentaires pour chien ou chat, même ceux écrits par des vétérinaires), je me cramponne à mon fauteuil, prête à me hérisser à la première « stupidité » que je lirai. Et il ne me faut souvent pas plus de quelques pages pour tomber sur la phrase ou le conseil totalement idiot qui me crispe les doigts et rétracte mes poils de bras !

Je sais, je suis assez réactive à la bêtise humaine (ainsi qu'à la manipulation commerciale et autres discours « marketing » des industriels), mais, comme je suis quelqu'un de constructif, je vais répondre point par point à chacune des idées fausses (et très tenaces !) que beaucoup d'entre vous prennent pour des vérités.

Ainsi, j'ai compilé la plupart de ces âneries (toutes, ce serait trop long) dans le florilège de questions qui suivent. Rien que les intitulés sont déjà incongrus, et vous constaterez que la réponse est pleine de raison et de bon sens (ce que la Nature est également).

Amusez-vous et surtout, si vous êtes aussi « épidermique » que moi, calez-vous bien dans votre fauteuil !

71) Un animal domestique ne doit pas manger « comme nous »

Les chiens et chats sont domestiqués depuis plusieurs milliers d'années : 12 000 ans pour les chiens et 9 000 ans pour les chats. Or, les croquettes existent depuis un peu plus de cinquante ans. Alors, à votre avis, que mangeaient nos animaux *avant* les croquettes ? De la nourriture « comme nous ».

De fait, à l'époque de nos grands-parents, les animaux mangeaient « *de la soupe avec du pain* ». Et, pour peu que cette soupe ait contenu un peu de protéines animales (morceaux de gras, couennes de lard, restes de table, œufs, fromage, restes de chasse ou d'animal dépecé...), au contact des humains, ces carnivores ont vu leur système digestif progressivement s'adapter à notre nourriture. C'est d'ailleurs pour cette raison qu'ils sont maintenant des **carnivores à tendance omnivore**.

Concrètement, on constate par exemple que les chiens ont des enzymes digestives (amylases) que les loups, leurs cousins sauvages, n'ont quasiment pas, ce qui est bien le signe réel de leur adaptation à notre régime alimentaire, l'une des conséquences de leur domestication (même s'ils restent des carnivores à la base).

Or, si notre nourriture était si mauvaise, nous, humains, serions en piteux état et nos animaux, eux, seraient déjà morts ou retournés à l'état sauvage depuis longtemps. Mais ce n'est pas le cas. Les milliers de propriétaires qui donnent des plats maison à leurs compagnons le savent bien : avec la variété des repas, de bonnes proportions et une bonne préparation, leurs animaux sont en pleine forme.

Donc, bien sûr que oui, les chiens et les chats peuvent manger comme nous, pour peu que nous suivions quelques règles de base – et de bon sens – que j'ai explicitées dans les questions et réponses du chapitre précédent.

Pour les sceptiques, je dis toujours que la meilleure preuve sera apportée par votre propre animal : préparez-lui des repas maison pendant quinze jours et vous allez constater par vous-même que, non seulement, il ne tombera pas malade, mais qu'en plus il sera en meilleure forme. Et soyez rassuré : vous n'allez pas empoisonner votre animal en lui donnant un morceau de poulet ou un bout de fromage, au contraire ! Alors, faites le test si vous ne me croyez pas, car votre animal, lui, vous convaincra.

72) Un repas fait maison, c'est d'office déséquilibré

Un peu comme pour la réponse précédente : si *vraiment* notre nourriture était déséquilibrée, nous, humains, serions les premiers à être malades et à nous bourrer de compléments alimentaires pour compenser toutes ces carences. Or, ce n'est pas le cas !

Si vous mangez naturellement, avec des produits que vous préparez vous-même et en respectant les recommandations connues (varier ses repas, pas trop de viande rouge, pas trop de féculents, des légumes et fruits régulièrement, éviter le sucre et le gras en excès…), votre nourriture est saine et automatiquement équilibrée.

En effet, les aliments apportent chacun ses nutriments et ils sont donc complémentaires : le calcium qui n'est pas dans un morceau de poulet se trouve dans le fromage, les vitamines absentes des féculents sont présentes dans les fruits, les viandes ne contiennent quasiment pas de minéraux alors que les légumes en sont remplis... Et c'est exactement la même chose pour votre animal, si vous suivez les conseils et les proportions expliqués précédemment.

Là encore, tous les propriétaires d'animaux qui nourrissent leurs compagnons avec des repas maison le constatent : il n'y a aucune nécessité d'ajouter des compléments prétendument indispensables (vive le commerce !). Sinon, comment auraient survécu les chiens et chats il y a plusieurs centaines d'années, quand il n'y avait ni croquettes, ni compléments alimentaires ?

Seuls quelques cas parfois le justifient (chien de très grande taille en croissance, très vieux animaux). Mais ce n'est pas du tout parce que leur alimentation maison est carencée ou déséquilibrée. C'est juste que les besoins de ces animaux sont ponctuellement supérieurs à la moyenne, pour certaines raisons très particulières (croissance, problèmes d'absorption intestinale chez les seniors).

Pour résumer, une alimentation saine, variée et respectant les proportions présentées auparavant n'est *absolument* pas déséquilibrée et ne nécessite *aucun* complément alimentaire, quoi qu'en disent les « nutritionnistes »...

73) Ajouter un complément alimentaire, c'est indispensable

Je viens de répondre dans les deux questions précédentes, et je vais en faire ici un résumé : NON, si vous donnez à manger varié sur la semaine, l'alimentation n'est PAS déséquilibrée, puisque la diversité des aliments couvre la totalité des besoins chez nos animaux.

Donc, les compléments alimentaires sont INUTILES (sauf ceux à visée thérapeutique, pour aider les cartilages, la peau... mais ce sont des cas très particuliers).

Certains disent que les besoins en calcium sont « énormes » et donc pas couverts par les repas maison. Mais c'est FAUX car sinon, tous les animaux nourris sainement auraient des carences en calcium et des fractures fréquentes, ce qui n'est pas du tout le cas !

Conclusion : le chien ou le chat recevant une alimentation naturelle et variée n'a PAS DU TOUT besoin d'un complément (CMV = complément minéral vitaminé). Mais, pour vendre leurs croquettes, il faut bien que les industriels et autres commerçants nous fassent croire que les plats maison sont d'office déséquilibrés, afin de vous décourager d'y avoir recours.

74) Un animal doit manger la même chose tous les jours

Bien sûr que non ! Et je vais vous le démontrer par un exemple humain qu'instinctivement les gens comprennent et approuvent.

Imaginez que vous, humain, vous mangiez un plat comme « poulet, pommes de terre, haricots verts ». Le plat est complet et équilibré car sont présentes les trois catégories d'aliments principales : viandes, féculents et légumes. Imaginez maintenant que vous mangiez ce plat, et uniquement lui, tous les jours, matin, midi et soir, 365 jours par an. À votre avis, allez-vous être en pleine forme après un an ? Non bien sûr, vous vous doutez bien que « *ça ne le fait pas* ». Pourtant, vous mangez bien équilibré.

Cela veut dire que, même quand on mange tous les jours le *même* plat, si équilibré soit-il, il manque l'autre facteur essentiel d'une alimentation saine : la variété ! Pourquoi ? Simplement parce qu'un plat, même complet, ne peut pas apporter *tous* les nutriments nécessaires en une fois : il manquera toujours un peu de fer, de vitamine A... Et, avec un seul et même plat unique, tous les jours le même, au fil du temps, des carences vont apparaître.

Seule la variété des plats, la diversité des aliments, le changement des ingrédients, et donc leur complémentarité, font en sorte que tout se complète, se complémente au fil des jours, et que les rations s'auto-équilibrent automatiquement. Ce qu'un légume n'apporte pas, un morceau de viande ou un bout de fromage le fera, etc.

Il en est de même pour nos animaux de compagnie. Leur donner tous les jours la même gamelle n'a *aucun sens* au niveau nutritionnel, puisqu'il n'y a *aucune variété alimentaire*, laquelle est tout aussi indispensable que la qualité des ingrédients. C'est le cas pour le chien qui ne mange que « steak haché, coquillettes, haricots », et c'est encore pire quand ce sont des aliments industriels, notamment toujours les mêmes croquettes !

D'autant que ce manque de diversité des aliments a une autre conséquence non négligeable : qui dit « pauvreté alimentaire » dit « **pauvreté de la flore intestinale** » ! La flore bactérienne étant directement liée et dépendante de la richesse alimentaire, s'il y a peu d'aliments différents, il y a peu de bactéries variées (nos « bonnes bactéries »).

Seule la diversité des aliments permet à notre intestin de développer une flore naturelle, variée et dont toutes les bactéries s'entendent très bien (« multi-culturalité bactérienne ») : c'est ce qu'on appelle la **bibliothèque alimentaire**. Plus il y a de livres différents, plus la bibliothèque est riche. Pour les intestins, c'est la même chose : plus il y a de repas variés (donc, de la richesse nutritionnelle), plus la flore intestinale est riche et très résistante contre les microbes pathogènes. C'est comme si les animaux avaient alors un intestin « en béton ». Donc, plus on mange de repas différents, plus nos bactéries sont diverses, formant une armée particulièrement efficace contre les infections digestives.

A contrario, donner à nos chiens et chats un seul et même type d'aliments tous les jours, en plus de les mener à des carences plus ou moins rapides, les condamne à avoir une flore intestinale pauvre et donc très vulnérable au moindre microbe. De fait, les animaux « mono-repas » (croquettes seulement) sont davantage sujets aux diarrhées et autres troubles gastro-intestinaux.

Enfin, l'intestin étant considéré comme le « deuxième cerveau », on comprend bien que, si les aliments sont sains, les deux cerveaux (le « vrai » et le digestif) fonctionnent au maximum de leurs capacités, assurant à l'animal une bonne santé mentale et psychique.

Ce n'est pas le cas chez les « animaux-croquettes », qui montrent fréquemment des signes de perturbations comportementales et des troubles nerveux (hypersensibilité-hyperactivité, nervosité, agressivité, épilepsie...).

75) Je lui donne des boîtes, donc mon animal mange de la viande

Voilà bien longtemps qu'il n'y a plus AUCUNE trace de viande dans les boîtes pour chien ou les pâtées pour chat ! Qu'est-ce qu'elles contiennent, alors ? Des céréales, des sous-produits animaux (becs, plumes, carcasses, arêtes de poisson, et depuis peu des poudres d'insectes) et autres substances improbables. Tout – et surtout n'importe quoi – mais certainement aucun morceau de viande. La seule façon de donner de la viande à votre animal, c'est de lui acheter de la *vraie viande.* Même un bas morceau (palet, morceaux moins tendres), ou du jambon, ressemblera plus à de la viande que les « boîtes ».

Le cas de Nino

Le chien Nino est un beau border collie de 3 ans. Enfin, beau... À dire vrai, il est franchement moche, avec son poil tout vilain, tout sec ; il est plus brun que noir et il a même des poils trop courts ou manquants à certains endroits (cou, cuisses, dos...). Je pose la question inévitable : « *Que mange-t-il ?* » Le monsieur, très fier de lui faire à manger (car il suit mes conseils) me dit : « *De la viande, des légumes et un peu de pâtes.* » Je connais bien ce monsieur, il est sincère et je le crois. Néanmoins, mon diagnostic est clair : il manque des matières grasses animales, mais aussi et surtout des protéines animales. Autrement dit, ce chien ne mange pas assez de produits carnés, notamment de la viande, d'autant plus qu'il est jeune et se dépense beaucoup.

Je pousse le questionnement un peu plus loin : « *Quel type de viande ?* » « *Des boîtes. Mais des bonnes boîtes, les plus chères !* » C'est là que j'ai dû gentiment expliquer à ce monsieur que, même si le paquet est beau et que le prix est très élevé, cela fait bien longtemps qu'il n'y a plus de viande dedans. Après deux mois de vrais repas avec de la vraie viande, et aussi du fromage régulièrement, Nino a de nouveau de beaux poils, bien noirs, bien longs et bien soyeux !

Conclusion : dites-vous que les boîtes, ce sont des croquettes « en mouillé ». Et quand on connaît la qualité des croquettes... vous avez tout compris.

76) Donner à manger à volonté (surtout les croquettes), c'est normal

Non, ce n'est pas normal ! La nourriture à volonté chez les chiens et les chats, c'est du **grignotage.** Et, comme pour nous, ce n'est pas bon du tout.

J'ai déjà eu l'occasion de vous l'expliquer précédemment (question 52), mais je vais le rappeler ici : les prédateurs, même domestiques, ne sont PAS programmés pour manger sans arrêt toute la journée ! Ils font plusieurs repas chaque jour (deux à trois maximum) car leur capacité à faire des réserves les préserve de devoir grignoter non-stop. Ce sont les proies, comme les herbivores, qui peuvent se permettre d'être constamment à table, autrement dit le nez collé au sol dans leur pré, à brouter paisiblement.

Mais, pour les chiens et les chats, il n'est pas physiologique de manger sans arrêt. Et, s'ils le font – avec des croquettes à volonté –, on détruit littéralement leur système digestif, avec des conséquences graves voire mortelles. On ne s'en rend pas compte, mais ce simple grignotage est horriblement délétère pour l'organisme !

Trois grandes perturbations, et non des moindres, sont la conséquence de ce grignotage tout au long de la journée.

Surpoids, obésité et augmentation du risque de diabète

Qui dit « grignotage » dit évidemment « surpoids », obésité et augmentation du risque de diabète, même pour les animaux. De fait, de plus en plus d'animaux sont obèses. Actuellement, on estime que 30 % de nos animaux de compagnie sont en surpoids et on pense que, d'ici deux à trois ans, 50 % des chiens et des chats seront obèses !

Je peux vous donner une comparaison humaine, pour bien comprendre l'effet néfaste du grignotage. Donner des croquettes à volonté à votre chien ou votre chat, c'est comme si vous posiez un grand saladier de chips sur la table et que vous disiez à votre enfant : « *Tu peux piocher dedans toute la journée, tant que tu veux !* » La comparaison est d'ailleurs bonne car chips et croquettes contiennent surtout des sucres lents, de mauvaises graisses et du sel. Vous vous rendez bien compte que ce n'est bon ni pour sa santé, ni pour le poids de l'animal ! L'obésité et le diabète le guettent, ces deux maladies étant aussi en lien avec la suractivité des organes digestifs, problèmes sévères que je développe dans le troisième point de cette question.

Perturbation du cycle physiologique digestif

Ensuite, il y a perturbation du cycle physiologique digestif, celui qui stimule et stoppe la prise de nourriture chez les prédateurs, à savoir le cycle « faim-satiété ».

Le prédateur (imaginez un lion) fonctionne grâce à ce cycle vital : « j'ai faim et j'ai le ventre vide » => « je vais chasser » (faim + réserves vides + stress interne).

Puis, quand la proie est attrapée :
« je mange et je suis bien repu » => « j'arrête de manger » (satiété + réserves remplies + repos et bien-être).

Or, quand on grignote, on casse ce cycle et, pour l'organisme, casser un cycle vital est TRÈS perturbant :

- cela dérange la « messagerie interne », avec des hormones qui ne savent plus où l'organisme en est (« j'ai mangé ou pas ? Je pense que oui car ma bouche a fonctionné mais mon estomac n'est pourtant pas rempli... ») ;
- les neurotransmetteurs sont tout aussi « paumés » (« puis-je me reposer, car j'ai mangé et donc fait des réserves, ou alors suis-je juste un peu rempli, avec des réserves qui ne sont pas au maximum ? Dois-je donc continuer à chasser ? »).

Ce sont ces informations paradoxales (bouche qui mâche mais estomac pas rempli, grignotage mais réserves pas faites, satiété pas encore atteinte alors que j'ai quand même un peu mangé...) qui perturbent l'organisme et son cycle vital.

L'organisme est par conséquent toujours en état de stress interne car l'animal ne se nourrit pas correctement, donc il n'atteint pas la satiété qui l'apaise (état normal de repos et de bien-être après un bon gros repas).

En résumé, avec les croquettes à volonté, l'animal se remplit mais ne se nourrit pas, comme un enfant avec des chips. Or, un organisme en état de stress interne permanent car il n'a pas été apaisé par un bon repas, c'est un animal avec un comportement perturbé : animal qui dort peu, qui tourne toujours en rond, qui ne se repose pas ou, au contraire, qui est tellement fatigué qu'il dort tout le temps (!), nervosité, agressivité, HS-HA voire épilepsie... Et un animal toujours stressé, c'est aussi un animal qui s'use plus vite que la normale, avec des signes de vieillissement précoce : arthrose chez le jeune, insuffisance rénale à 6 ans, « tête de vieux » et blanchiment des poils dès 7 ans, cataracte dès 8 ans, problèmes cardiaques à 6 ans...

Problèmes du tube digestif et des glandes annexes

Le troisième type de problème provoqué par le grignotage est encore plus méchant et plus... définitif (traduisez : « mortel »). Il s'agit des problèmes du tube digestif et des glandes annexes. Ici aussi, mettons-nous à la place des organes. Normalement, un tube digestif (estomac, petit intestin, gros intestin) avec ses glandes annexes (glandes salivaires, foie, pancréas) est censé travailler au rythme du prédateur. Chez nos carnivores domestiques, c'est donc deux ou trois fois par jour. Prenons l'exemple d'un repas matin et soir : ces organes travaillent normalement deux fois par jour.

Mais, à cause du grignotage, c'est franchement différent ! À chaque entrée de quelque chose ressemblant – même de loin – à un aliment, TOUT le système digestif est réveillé et se prépare à manger. Chaque organe est prêt à travailler : les glandes salivaires sécrètent de la salive, l'estomac des enzymes stomacales, le foie des acides biliaires, le pancréas des enzymes digestives… Bref, tout le monde se met en branle, même s'il ne s'agit que d'une seule croquette avalée !

D'ailleurs, par le passé, on disait aux enfants que mâcher un chewing-gum épuisait l'estomac, même sans manger. Et cette image est tout à fait comparable pour nos chiens et chats avec leurs croquettes à volonté. Alors, pour en revenir à notre grignotage néfaste, imaginez votre chien ou votre chat qui va dix, quinze ou vingt fois par jour prendre une misérable croquette… Vous me voyez venir : tous ses organes digestifs, programmés pour travailler deux fois par jour, doivent se mettre au turbin vingt fois par jour, soit dix fois plus ! C'est comme si votre boss vous demandait de travailler 70 heures par jour, au lieu des sept heures réglementaires ! Et ça, tous les jours de l'année ! Impossible et épuisant… c'est le *burn-out* assuré ! Et c'est exactement ce qui se passe pour les organes de votre chien ou de votre chat.

Ce *burn-out* des organes digestifs se traduit par deux types de pathologies :

- soit l'organe finit « sur les genoux », littéralement épuisé (par exemple, le foie ou le pancréas) et il s'effondre totalement : c'est l'insuffisance (hépatique ou pancréatique) et aussi le diabète (pancréas épuisé, récepteurs devenus résistants et inefficaces car trop sollicités…) ;

- soit l'organe travaille tellement qu'il s'enflamme régulièrement (gastrite, hépatite, pancréatite, diarrhées à répétition...). Or, on sait que des inflammations à répétition débouchent sur des tumeurs (tumeurs de l'intestin, du foie, du pancréas...).

De fait, les tumeurs du système digestif ont explosé ces dernières années, comme le lymphome digestif (tumeur très infiltrée sur toute l'épaisseur et la longueur de l'intestin) qui est, depuis quelques années, la tumeur n° 1 chez les chats.

Alors, d'où vient cette idée des « croquettes à volonté » ? Des vendeurs de croquettes, évidemment ! Ils ont tout intérêt à ce que nos chiens et chats mangent sans arrêt, car plus nos animaux grignotent, plus les croquettes sont consommées, et plus vite il faut en racheter. Vive les ventes !

77) Dans la nature, un chat mange dix à douze repas

Faux, totalement faux et archifaux ! D'abord, on a vu qu'un prédateur mange peu fréquemment et que, pour nos chiens et nos chats, deux à trois repas quotidiens sont suffisants (voir la question 52). Puis, tous les arguments démontrant que ce n'est vraiment pas bon pour la santé viennent d'être développés dans la question précédente (76).

Mais en plus, le bon sens nous fait tiquer. Faisons appel à notre raisonnement grâce à un petit calcul : douze repas par jour = dans la nature, douze souris par jour, soit une souris toutes les deux heures... chassée, avalée et digérée... Ce n'est pas un chat que vous avez, mais un tigre ! Et pour un chat qui est censé dormir beaucoup, là, il passe tout son temps à chasser... Alors, quand dort-il ?

De plus, essayez de visualiser d'un côté douze petites souris mortes (cela doit représenter plus ou moins le volume d'un petit ballon de foot, non ?) et, de l'autre côté, le volume de l'estomac de votre chat (c'est environ une petite pomme). Je ne peux pas imaginer sérieusement que ce ballon de foot rentrera dans ce chat chaque jour, même en petits morceaux (et cela nous renvoie alors à la question précédente, où le chat ne fait que manger, usant et abusant de son système digestif, ce qui le détraque).

Autrement dit, les personnes qui nous racontent ça (même si elles sont nutritionnistes) n'ont pas de bon sens... ou n'ont jamais vu de chat ! Forte de mon expérience féline, longue et campagnarde, je peux affirmer que :

- le chat ne chasse pas dix à douze souris par jour (les plus gros chasseurs en attrapent trois ou quatre, grand max !) ;
- le chat ne fait pas dix à douze repas par jour ;
- le chat fait deux ou trois repas et, le reste du temps, il fait sa sieste, il fait un grand tour, il vient chercher des câlins – et certains chats aiment bronzer au soleil.

Mais aucun, je dis bien AUCUN ne mange dix à douze souris par jour ! Toute personne qui a des chats vivant à la campagne le confirmera.

78) Un chien, c'est un seul repas par jour...

... donc l'inverse des points précédents, concernant la fréquence des repas !

D'un point de vue physiologique, c'est exact : faire un repas par jour pour un chien (un prédateur) est normal. Cependant, on conseille d'en faire deux pour éviter un problème sérieux : la torsion d'estomac. C'est un inconvénient qui arrive plutôt chez les grands chiens, même si les plus petits n'en sont pas exempts.

En fait, pour un grand chien, un seul repas maison par jour représente un très gros volume (une grosse assiette). Après le repas, quand ce gros volume est dans l'estomac, si l'animal court, saute ou fait un peu le fou, cette grosse quantité risque de « faire basculer » l'estomac, de le retourner (d'ailleurs, on appelle aussi ce problème un « retournement d'estomac »).

Une fois l'estomac retourné, avec le poids du bol alimentaire, cet organe ne peut pas revenir à sa position normale, donc il n'arrive pas à se « dé-retourner ». Cela entraîne la torsion des vaisseaux sanguins, la circulation s'arrête et l'estomac n'est plus vascularisé. Or, un organe ne peut pas rester non vascularisé trop longtemps (maximum une heure à une heure et demie) car, sans oxygène, les tissus se nécrosent et meurent. C'est ce qui se passe avec la torsion d'estomac : le temps que l'on se rende compte que le chien ne va pas bien, qu'il gonfle (du côté gauche), qu'on appelle le véto et qu'on arrive à la clinique pour une intervention en urgence, l'heure est vite passée, et beaucoup de chiens ne sont pas sauvés. Tout ça pour un seul gros repas et quelques bonds !

C'est donc un gros risque facile à éviter quand il suffit de donner la ration en deux repas quotidiens et de ne pas faire jouer le chien après le dîner. Avec un volume de repas plus petit, la torsion devient improbable.

79) Un animal de 10 kg, ça doit manger différemment d'un animal de 50 kg

Il est aussi idiot de dire qu'un chien de 10 kg doit manger différemment d'un chien de 50 kg, que de dire que votre fils de 14 ans (et de 50 kg) doit manger différemment de son père (de 45 ans et 90 kg). La seule différence entre les deux, c'est uniquement la quantité ! Quelqu'un de plus costaud doit manger un peu plus que quelqu'un de mince ou de petit. Mais ils doivent manger la même chose du point de vue de la qualité.

Éventuellement, la taille du chien peut influencer la taille de la croquette, mais les animaux ne mangent pas différemment en fonction de leur poids, de leur taille ou de leur race. Encore un argument marketing fallacieux, justifiant des prix souvent inversement proportionnels à la taille des croquettes. Comprenez : plus l'animal est petit, plus les croquettes sont mini, et plus le prix est maxi! (Lire aussi la question 10.)

80) *Le lait, c'est mauvais*

C'est un point que l'on a déjà abordé dans le deuxième chapitre (question 62), mais en voici un petit résumé pratique:

1. Le lait est un produit laitier (par définition...) et c'est donc un produit carné, riche en protéines animales et en matières grasses animales.
2. C'est donc un aliment adéquat pour le carnivore domestique qu'est notre chat (et notre chien).
3. Quand votre chat voit du lait, son instinct alimentaire de carnivore se réveille et il fonce dessus: il boit tout d'un coup!
4. Mais s'il n'a pas l'habitude d'en boire, il n'a pas assez de bonnes bactéries (digérant le lait) dans son intestin et donc ce lait «passe à travers» l'animal sans être digéré.
5. Résultat: caca liquide.

Caca liquide ou diarrhée?

Certains appellent cela de la diarrhée, mais médicalement, ce n'est pas le cas car la diarrhée est signe de maladie; or, ici, c'est juste un petit problème de digestion par manque de bonnes bactéries.

6. Le propriétaire panique et se dit: «diarrhée (en fait, caca liquide) = le lait rend mon chat malade = le lait est mauvais pour lui».

Voilà comment on fait des raccourcis et tire des conclusions totalement erronées. Corrigeons cela et reprenons au point 5. Avec le caca liquide, le propriétaire devrait plutôt se dire: «Mon animal adore le lait mais il ne sait pas le digérer car il n'a pas assez de bonnes bactéries “spéciales lait”. D'ailleurs, mon animal n'est pas fou : si c'était si mauvais pour lui, il n'en boirait pas. Or, il aime vraiment cela. »

Alors, comment faire pour que son animal boive du lait sans faire de caca liquide ? La solution, en termes techniques : on dit qu'il faut « réensemencer la flore bactérienne » avec ces bactéries digérant le lait En termes non scientifiques, on dit qu'il faut l'habituer à boire du lait !

Comment habituer son animal à digérer le lait ?

C'est simple : dès le début, on l'habitue à boire le lait en ajoutant de très petites quantités dans son eau de boisson, puis en les augmentant progressivement. D'abord, quelques gouttes de lait dans son eau pendant quelques jours, puis une cuillère à café quelques jours, puis une cuillère à soupe, puis moitié eau et moitié lait, puis plus de lait que d'eau, pour finir par du lait pur après quelques semaines. Une fois que sa flore digérant le lait est installée, le nectar lacté pourra faire partie de son alimentation habituelle.

Conclusion : non, non et non, le lait n'est PAS mauvais pour le chat (ni même pour le chien), il faut juste l'habituer à en boire pour qu'il le digère normalement. Vous n'allez pas priver votre doudou d'un plaisir liquide qui change de l'eau, quand même ! Surtout le chat, qui l'adore !

81) Mon animal est stérilisé, donc il va grossir

Encore une idée fausse et pourtant si répandue, que l'on a bien réussi à nous incruster dans le crâne ! En fait, cela part d'une petite constatation que l'on a montée en gros défaut pour en faire une idée crue maintenant par tout le monde, mais qui n'est pas systématiquement vraie. C'est l'occasion de remettre les choses au point une bonne fois pour toutes.

La stérilisation d'un mâle ou d'une femelle entraîne une diminution des hormones sexuelles et, donc, une baisse de l'activité sexuelle : il n'y a plus de chaleurs, plus d'excitation, plus de fugue, plus de bébé... L'animal n'étant plus intéressé par « la chose », ses dépenses énergétiques sont diminuées. Mais elles sont UN PEU diminuées. Or, on nous a fait croire qu'elles étaient *beaucoup* diminuées. Pour avoir une meilleure idée de cette diminution réelle d'activité (et donc de baisse de la demande énergétique), on estime qu'elle est de 5 à 10 % chez un animal stérilisé. Donc, le surpoids dû à la stérilisation n'est que de 10 % maximum !

Prenons un exemple chiffré pour voir ce que cela représente réellement : si un chien non stérilisé (mâle ou femelle) pèse 20 kg avant opération, une fois stérilisé – et sans adaptation de son alimentation – il pèsera entre 20 et... 22 kg grand max, les 2 kg supplémentaires correspondant à l'augmentation de maximum 10 % due à l'intervention. Pas de quoi le rendre obèse ni dire que la stérilisation fait grossir !

Par contre, la VRAIE cause de la prise de poids importante, post-stérilisation, ce sont les croquettes « spéciales animal stérilisé » que l'on vous conseille après l'opération, pleines de sucres et de mauvais gras. Ce sont ELLES qui font réellement grossir ! Il y a deux preuves pour confirmer cela :

- Si la stérilisation entraînait *d'office* un surpoids important, indépendamment de l'alimentation, tout animal stérilisé serait obèse, quoi qu'il mange. Or, ce n'est pas le cas : on constate que les animaux stérilisés mangeant des croquettes ont une grande tendance à devenir gros, tandis que les animaux stérilisés avec une alimentation saine gardent leur poids normal (ils prennent parfois une petite bouée, mais rien de bien méchant, et cela rentre dans les 10 % max auxquels on peut s'attendre).
- Les animaux nourris aux croquettes sont ceux qui sont le plus en surpoids (taux d'obésité de +/- 30 % actuellement), et ce, qu'ils soient stérilisés ou non. Alors que les animaux avec une alimentation maison, opérés ou non, ont un taux d'obésité franchement moindre (je l'estime à moins de 5 % dans ma patientèle).

Ces deux faits prouvent bien que le surpoids est indépendant de la stérilisation, mais qu'il est en rapport direct avec la nourriture industrielle. **Autrement dit, ce sont les croquettes qui font grossir, et non la stérilisation !**

82) Donner du gras rend obèse

Non, donner du gras ne rend pas forcément obèse. Mais il faut faire la différence entre deux types de gras :

- les **bonnes graisses**, qui sont toutes consommées par l'organisme ;
- les **mauvaises graisses**, qui sont stockées par le corps parce que ce dernier ne sait pas les utiliser !

Les bonnes graisses

On trouve les bonnes graisses dans les produits carnés : les viandes, les poissons (avec les fameux oméga 3), les produits laitiers comme le fromage, le beurre... Par exemple, dans les viandes rouges, le bon gras est ce qui donne l'aspect « persillé » du steak (les fines lignes blanches entre les muscles rouges) et, lors de la cuisson, sa tendreté et son goût moelleux et fondant.

Ces bonnes graisses sont toutes employées par l'organisme :

- comme source d'énergie transformable et nécessaire aux réactions métaboliques ;
- pour synthétiser toutes les membranes cellulaires, régulièrement renouvelées ;
- comme précurseurs de toutes les hormones du corps (hormones thyroïdiennes, sexuelles, de croissance, du stress...) ;
- comme « ciment » pour le maintien entre elles des cellules mortes de la couche externe de la peau et des coussinets ;
- comme source de sébum, lustrant chaque poil de la fourrure, assurant ainsi un pelage doux et soyeux, et empêchant les catons (car les poils glissent entre eux, sans s'accrocher).

Les mauvaises graisses

Mais pour les mauvaises graisses, c'est une tout autre histoire ! Ces graisses sont surtout d'origine industrielle (graisses usagées, hydrogénées, oxydées, huiles de friture, suifs...). Il peut aussi s'agir de bonnes graisses au départ mais qui sont dénaturées par les procédés de fabrication des aliments industriels, à savoir de hautes températures et de très hautes pressions, processus très délétères pour les matières grasses.

On retrouve ces mauvaises graisses essentiellement dans les aliments industriels pour animaux de compagnie, et surtout dans les croquettes. La qualité de ces graisses est tellement médiocre qu'elles sont inexploitables par l'organisme. Donc, l'animal qui les ingère ne sait pas correctement les utiliser, il doit alors s'en débarrasser ! Comment ? Ces mauvaises graisses sont en partie éliminées, notamment par le foie, ce qui le fatigue particulièrement. Et celles qui ne sont pas évacuées hors de l'organisme sont stockées. Or, comme ces graisses inutilisables sont ingérées chaque jour, le stock s'accumule et mène tout droit à l'obésité. Ainsi, l'obésité est due à l'accumulation des graisses de mauvaise qualité, non utilisées – et non utilisables – par l'organisme.

On comprend alors qu'un animal gros, voire obèse, est avant tout un animal mal nourri, avec des aliments industriels trop riches en mauvaises graisses et en sucres, deux éléments présents en grande quantité dans les croquettes.

En résumé

Bonnes graisses (source animale, oméga 6, oméga 3, produits laitiers...) => toutes utilisées (cellules, hormones, sébum, peau, énergie...) => pas d'obésité.

Mauvaises graisses (graisses hydrogénées, huiles usagées, aliments industriels...) => pas utilisables => stockées => obésité.

83) La pomme, c'est toxique

Je reprends cette idée fausse car je l'ai lue dans un livre qui résumait un peu vite les choses, c'est le moins que l'on puisse dire.

Ce qui n'est pas bon ou pas comestible dans une pomme, ce sont les pépins, le trognon, la queue et aussi la peau si les fruits ne sont pas bio. En effet, ces parties contiennent des produits chimiques (pesticides, insecticides...) ainsi que certaines substances toxiques, comme un dérivé de cyanure dans les pépins. (Notez cependant que la quantité de cyanure y est infinitésimale et qu'il faudrait ingérer 2 ou 3 kg de pépins pour rendre qui que ce soit malade...).

Ces parties sont aussi toxiques pour nous que pour nos chiens et nos chats ! En résumant ces données, cette rumeur simplifie à l'excès en disant – à tort – que la pomme est mauvaise.

Donc, oui, la pomme c'est bon pour nous comme pour nos animaux de compagnie (s'ils l'aiment), mais on ne mange pas les déchets ni les épluchures. Et si les fruits sont bio, c'est encore mieux.

84) La pomme de terre, c'est toxique aussi !

Une pomme de terre correctement épluchée et bien cuite, c'est aussi bon pour nous que pour nos animaux de compagnie. Seuls les épluchures, les germes et la non-cuisson sont problématiques.

Ainsi, les réponses valables pour nous sont les mêmes que pour nos chiens et chats :

- Est-ce que vous mangez des pommes de terre crues ? Non, elles sont indigestes. C'est vrai pour nous comme pour nos animaux.
- Est-ce que vous mangez les épluchures des pommes de terre ? Non, ce n'est pas recommandé. C'est vrai pour nous comme pour nos animaux.

- Est-ce que vous mangez les parties vertes, les germes ou les feuilles de pommes de terre ? Non, c'est toxique (cela contient de la solanine). C'est vrai pour nous comme pour nos animaux.

Autrement dit, nos animaux de compagnie peuvent parfaitement manger des pommes de terre. Si elles sont préparées exactement comme pour nous, il n'y a aucun problème. Après, c'est une histoire de goût : pommes vapeur, rissolées, en purée ou cuites au four, votre animal vous indiquera ses préférences.

Sachez juste que les pommes de terre, bon marché et faciles à préparer, ne doivent pas être données en grande quantité, puisque les féculents sont les ingrédients les moins importants pour nos chiens et chats, les besoins en sucres lents étant très faibles chez eux. De plus, ce sont des aliments qui font grossir…

85) Il faut régulièrement brosser les dents de son animal

Même si on adore nos animaux de compagnie, il ne faut pas projeter toutes nos habitudes sur eux (pas d'anthropomorphisme). D'autant que le brossage des dents est totalement inutile quand l'animal est nourri sainement, et qu'il existe même une alternative simple et naturelle à ce nettoyage !

Comme dit précédemment, les carnivores fonctionnent sur un mode « acide », leur nourriture étant de type acide (viande, produits laitiers, légumes et fruits acides préférés…). Cette alimentation est totalement adéquate pour leur flore bactérienne digestive (microbiote), avec par exemple des *Lactobacillus acidophilus* (c'est même dans leur nom : « *acidophilus* » = qui aime l'acidité). Or, la flore intestinale, avec ses bonnes bactéries, est à l'origine de toutes les autres flores bactériennes de l'organisme : la flore dans la vessie, sur la peau, dans la sphère génitale… et également la flore buccale : celle de la bouche.

Sachez que ce sont les « mauvaises » bactéries, colonisant la bouche, qui fabriquent la plaque dentaire et la transforment en tartre. C'est donc leur multiplication qui donne mauvaise haleine. Or, si la flore buccale est parfaite (acide), elle freine les « mauvaises » bactéries et empêche ce processus.

D'où viennent ces mauvaises bactéries, à l'origine du tartre ? Elles n'aiment pas l'acidité et se trouvent donc dans les aliments moins acides, comme les légumes non acides (légumes verts), les céréales et, surtout, les aliments industriels (dont le pH n'est pas assez acide, car ne contenant pas assez de produits carnés).

Si votre animal a tendance à avoir une haleine « de cimetière » (tellement il sent mauvais), posez-vous deux questions :

1. Est-ce que vous lui donnez des aliments industriels ? Si la réponse est oui, vous avez trouvé le « coupable » et vous devez passer votre animal à une alimentation saine.
2. Est-ce que vous lui donnez de bons aliments (cuisine maison) ? Si oui, donnez-vous assez de produits carnés (rappel des quatre sortes : viande, poisson, œufs, produits laitiers) ?

Il peut arriver que votre animal mange bien mais qu'il ait, malgré tout, une haleine un peu « chargée ». Vous pouvez alors utiliser une astuce naturelle et saine : donnez-lui du yaourt chaque jour (nature ou aux fruits, comme il aime) car, avec ce produit laitier acide et riche en bonnes bactéries (*Lactobacillus acidophilus*), vous aiderez la bouche à se débarrasser des mauvaises bactéries, et sans frotter… Une sorte de dentifrice naturel, quoi !

86) Un animal perd ses poils toute l'année

NON ! S'il perd ses poils toute l'année, c'est qu'il ne mange pas assez de bonnes protéines animales.

Comment ça marche, normalement ? Classiquement, un chien ou un chat connaît deux mues par an, au printemps et à l'automne. Elles durent deux à trois semaines chacune et permettent d'adapter le pelage à la saison qui s'annonce : une fourrure plus épaisse pour l'hiver, un pelage plus léger pour l'été. En dehors de ces mues, l'animal ne perd normalement pas de poils (ou alors deux ou trois, par-ci par-là, mais rien de conséquent). En effet, avec une alimentation saine et carnée, contenant des protéines animales, le chien/chat fabrique du bon poil qui va tenir toute la saison.

Alors pourquoi mon animal perd-il ses poils toute l'année ? Quand il n'a pas assez d'apports en protéines animales, le chien ou le chat ne peut pas fabriquer du poil de qualité. Il fait alors comme il peut, en synthétisant des poils médiocres qui ne tiendront pas longtemps : ce sont ces poils qui tombent tout au long de l'année.

Un monsieur est venu me voir un jour avec un beau bouvier bernois. Son problème : il perdait ses poils tout le temps. Le maître en avait marre de marcher sur un « tapis de poils » toute l'année et de devoir passer l'aspirateur tous les jours. Un mois et demi de bonne nourriture a fait disparaître le « tapis de poils » et a résolu définitivement le problème (en plus, le propriétaire a économisé un aspirateur).

Donc, non seulement, l'animal qui n'a pas une alimentation adaptée n'a pas de bon matériel pour fabriquer du bon poil, mais, comme son pelage se dénude tout le temps, il est aussi condamné à produire, encore et toujours, du poil médiocre... Poil qui tombera et qu'il devra reconstituer avec de mauvaises protéines, et qui tombera, et qu'il devra reconstituer, et qui retombera... et ainsi de suite, sans arrêt, puisqu'il fait du mauvais poil toute l'année avec les mauvais nutriments de sa nourriture industrielle. Un cycle sans fin !

Vous imaginez la quantité de travail que la peau doit alors fournir, tout ça pour rien, puisque les poils fabriqués tombent sans arrêt ? C'est le mythe de Sisyphe qui monte chaque jour son rocher jusqu'en haut de la montagne, son rocher roule jusqu'en bas, Sisyphe le remonte jusqu'en haut, le rocher roule de nouveau jusqu'en bas... C'est un vrai travail inutile car effectué avec de mauvais matériaux… et, surtout, épuisant pour l'organisme !

Quelle est la solution ? Elle est simple : des gamelles naturelles, avec des protéines animales pour que l'animal fabrique du bon poil qui tiendra toute la saison. Essayez et vous serez très surpris de la vitesse à laquelle le problème sera résolu : il faut à peine deux ou trois semaines pour que la fourrure de votre compagnon soit de qualité et ne tombe plus toute l'année (en dehors des mues).

Y a-t-il un lien avec nos maisons chauffées ?

Absolument aucun lien, car la mue est un phénomène naturel qui se déclenche par l'augmentation (au printemps) ou la diminution (en automne) de la luminosité, donc de la quantité de lumière solaire journalière. Rien à voir avec la température. De fait, les animaux bien nourris muent encore et toujours deux fois par an, qu'ils vivent dans une maison chauffée ou non. Donc, si votre animal perd ses poils non-stop, c'est à cause de la nourriture industrielle et non de votre maison, qui n'est d'ailleurs chauffée qu'en hiver, ce qui n'expliquerait pas la perte de poils durant l'été.

87) Il faut laver son chien ou son chat régulièrement

Comme disait l'un de mes professeurs : *« Un chien, ça doit se laver uniquement quand il est sale. Et s'il n'est sale qu'une fois dans sa vie, il n'aura qu'un seul bain dans sa vie. »*

En fait, un chien ou un chat bien nourri, c'est « autonettoyant » ! Comment ? Les bonnes graisses de l'alimentation saine permettent, entre autres, de fabriquer du sébum, cette substance qui recouvre chaque poil, lustrant naturellement le pelage.

Ce sébum a plusieurs fonctions, dont celle d'empêcher la crasse de s'attacher aux poils. Ainsi, les saletés vont « glisser » le long du poil et tomber, nettoyant automatiquement le pelage, sans avoir besoin de passer par la case « bain » (souvent synonyme de torture, surtout pour les chats). Les propriétaires qui nourrissent correctement leurs chiens à poil long le savent bien : quand leur toutou revient boueux, ils attendent quelques minutes que la boue sèche, puis la terre tombe toute seule (elle glisse par terre) et leur chien est de nouveau tout propre. Juste une question de patience... et de bonne nourriture !

Notez que l'alimentation saine, avec de bonnes graisses, évite aussi les problèmes de nœuds et de catons dans la fourrure des chiens et des chats, pour la même raison que le côté « autonettoyant » : le sébum lustre les poils qui glissent alors les uns sur les autres, car il évite qu'ils ne s'accrochent entre eux ! En résumé, une bonne alimentation rend votre animal « autonettoyant », avec des poils lustrés et pas de nœuds.

À l'inverse, un bain est parfois néfaste pour l'animal. En effet, les shampoings non adaptés aux animaux sont souvent trop détergents pour la peau et le pelage : non seulement, ils enlèvent cette couche de sébum lustrante et protectrice du poil (qui devient alors sec), mais en plus ils éliminent une grande partie des bonnes bactéries se trouvant sur la peau et participant à sa protection (flore cutanée).

Certains produits sont si agressifs qu'ils décapent carrément la peau : elle devient rouge par endroits à cause des microbrûlures, surtout si le rinçage est insuffisant. Donc, on oublie les bains (à part à l'eau claire) et on nourrit bien ! Et s'il faut un bain, on confie son compagnon à un toiletteur.

88) Il faut « graisser » les coussinets de certains chiens

Les propriétaires ont parfois le réflexe de mettre de la graisse sur les coussinets de leur chien quand ils sont secs, abîmés, fissurés voire blessés. C'est un mauvais réflexe car on ne traite pas la cause et, donc, on n'aide pas vraiment son compagnon.

On doit d'abord comprendre pourquoi les coussinets sont en mauvais état et comment on peut rectifier ce problème. Les coussinets sont comme des pneus : ils doivent être solides mais également souples, élastiques et sans fissure. Généralement, leur couleur est un signe de bonne santé : s'ils sont bien noirs (comme des pneus) et souples comme du caoutchouc, c'est qu'ils sont parfaits. Un test : en appuyant dessus, ils doivent normalement « rebondir ».

En revanche, s'ils sont gris, secs, non souples (quand on appuie dessus, ils sont durs et ne « rebondissent » pas), craquelés, fissurés voire abîmés (blessures, coupures, écorchures...), c'est qu'il y a un problème, et mettre de la graisse dessus ne le résoudra pas.

Les coussinets sont en fait constitués de cellules mortes (comme la couche externe de la peau, mais en plus épais) qui tiennent entre elles grâce à du « ciment naturel », un peu comme des briques qui forment un mur solide grâce au ciment qui les maintient entre elles. Ce « ciment naturel » est synthétisé par l'organisme à partir des matières grasses d'origine animale qu'il trouve dans son alimentation. Si sa nourriture est pauvre en « bon gras », il ne fabrique pas assez de « ciment » et ses coussinets manquent alors de solidité et d'élasticité, deux caractéristiques indispensables à leur souplesse : ils sèchent, s'abîment et se fissurent.

La solution ? Vous l'avez compris : si votre animal a besoin de graisse, c'est de bon gras à ajouter dans sa nourriture, et pas de gras à tartiner sur ses coussinets ! Les bonnes graisses sont à faire avaler par la bouche (voie interne), et non à ajouter par voie externe (produits graissants, vaseline, etc., nettement moins efficaces car ne traitant pas la cause).

Pour plus d'informations sur l'utilisation et l'importance des graisses alimentaires, vous pouvez aussi lire la question 82.

89) Un chien, ça doit manger cru, comme le loup

Non... tout simplement parce qu'un chien n'est plus un loup depuis longtemps, parce qu'il a été domestiqué depuis... 12 000 ans ! La domestication est un phénomène entraînant un ensemble de transformations, qui a fait évoluer le chien, au contact de l'homme, au niveau de certaines caractéristiques anatomiques, métaboliques et comportementales (alimentation, socialisation, éducation...).

Sans entrer dans des détails techniques, on peut résumer quelques différences essentielles entre le chien et le loup, sur le plan alimentaire :

- Le chien est maintenant un **carnivore à tendance omnivore**, à la suite des adaptations digestives que l'animal a développées au contact de l'homme, de sa domestication et de son régime alimentaire (le loup restant un carnivore « pur »).
- Le chien a un **transit digestif très court**, avec une digestion très rapide. Si ses aliments ne sont pas correctement préparés – autrement dit, s'ils sont crus –, leur assimilation ne sera pas optimale, car ils passeront trop vite dans ses intestins.
- Avec l'habitude de recevoir ses repas de la main de l'homme, le chien avale souvent les bouchées « tout rond » : **il ne mâche plus grand-chose**, ce qui ne favorise pas la digestion (tandis que le loup doit déchiqueter sa nourriture).
- Le tube digestif du chien contient une flore intestinale plus ou moins riche selon son régime alimentaire (gamelle naturelle = flore plus riche, ce qui est très positif). Mais, malgré tout, le chien reste beaucoup **plus sensible aux mauvaises bactéries** que son cousin sauvage, ce qui le rend plus fragile à la consommation d'aliments crus : risque de gastro-entérites, d'inflammations intestinales et d'intoxications alimentaires plus fréquentes et plus graves avec de la viande crue.
- Avoir un animal domestique implique de le loger et de le nourrir : cela fait partie du contrat social tacite entre l'humain et le chien. Et

cela peut être assorti de clauses complémentaires agréables. Ainsi, lui faire plaisir en lui donnant de la nourriture saine, « préparée avec amour », plus appétente, plus goûteuse et plus savoureuse n'enlève rien à la complicité avec votre animal... Au contraire ! Surtout quand on sait que les chiens (et les chats) sont plus souvent gourmets que gourmands...

Tous ces arguments vont à l'encontre de l'idée que les chiens doivent manger cru. Que le propriétaire le veuille ou non, le chien n'est plus un loup depuis longtemps.

NB : Tout ce qui vient d'être dit pour le chien est parfaitement valable pour le chat.

90) Que penser de la raw food et du BARF ?

Avec toutes les notions que je viens de vous présenter dans la question précédente, vous savez maintenant que la nourriture crue n'est PAS DU TOUT adaptée pour nos animaux de compagnie. La mode du BARF (*Biologically Appropriate Raw Food*) ou de la *raw food* (nourriture crue) ne leur convient pas.

Même si l'envie d'arrêter la nourriture industrielle pour passer à une alimentation naturelle est noble, il faut **respecter la morphologie digestive et le métabolisme de nos compagnons**. S'ils se sont transformés en carnivores domestiques au cours d'une évolution qui a duré des milliers d'années, on ne peut pas les remettre à l'état primitif de carnivores sauvages en quelques années !

Ainsi, la nourriture crue est à l'origine de plusieurs problèmes parfois très sérieux chez nos animaux de compagnie. En voici un aperçu :

- La viande étant crue, donc non préparée (non cuite = non prédigérée), l'animal n'assimile pas totalement les protéines animales, dont la plupart se retrouvent… dans les matières fécales ! Donner de la viande plus chère pour la retrouver dans les crottes, quelle perte… !

- Un manque de matières grasses de qualité est aussi décrit, en rapport avec ce régime cru car, ici aussi, certaines matières grasses non préparées sont mal assimilées.
- Si le régime alimentaire BARF est strict, donc avec apport de viande crue uniquement, sans légumes, ni fruits, ni féculents, des carences en vitamines, minéraux et oligo-éléments apparaissent, avec des symptômes très variés et dont l'origine est parfois difficile à identifier (quels minéraux sont manquants ?).
- Les problèmes les plus fréquents liés au régime carné cru sont les troubles digestifs, notamment à cause du risque sanitaire, à savoir l'apport de mauvais microbes dans les intestins : parasitisme digestif, intoxication alimentaire, vomissements, diarrhée, gastrite, gastro-entérite, hyperfermentation, ballonnements, pets puants, diarrhée…
- Si le régime BARF est assorti d'os, le risque d'obstruction intestinale, de perforation et d'hémorragie interne grimpe en flèche (et le taux de survie s'effondre !).

Le cas d'un éleveur désespéré

Pendant un an, cet éleveur de bergers australiens a vu ses trois portées de chiots décimées dès le premier jour de vie : dans les 24 heures après leur naissance, les chiots mouraient brutalement, sans symptômes. Les mères semblaient bien se porter et il n'y avait pas de problème de lait. Questions, discussion, cogitation… Il s'est avéré que deux autres éleveurs de sa connaissance proche avaient eu le même problème. L'un des éleveurs nourrit ses chiens au BARF… Et les animaux ont été en contact entre eux. Comme la mortalité des chiots me fait penser à une sorte d'intoxication microbienne, j'émets l'hypothèse que les mères portent en elles des germes (à cause du BARF) pas suffisamment agressifs pour les rendre malades elles, mais assez pour tuer leurs bébés. En effet, il s'avère que les mères ont parfois des symptômes digestifs et ne font pas toujours des crottes normales (appétit variable, petites diarrhées…). Solution : traitement des mères, arrêt du régime BARF et changement alimentaire vers de la cuisine maison (cuite !). Depuis, les mères ont de nouveau des selles normales et, surtout, leurs chiots survivent tous... Comme quoi, donner du BARF peut rendre malade... et même tuer !

Retenez donc que le régime carnivore cru n'est pas du tout adapté aux intestins de nos chiens et chats domestiques. Et si vous n'avez pas encore de problèmes maintenant, votre compagnon pourra en avoir un de ces jours, avec des conséquences parfois difficiles à rectifier.

91) Mon chien ou mon chat peut-il être végétarien ?

Les protéines animales ne sont pas similaires aux protéines végétales. On ne peut donc pas totalement remplacer les premières par les deuxièmes ! Même si on le veut et qu'on le fait pour les humains (qui sont des vrais omnivores), on ne peut pas le faire pour des carnivores !

Comme je le dis souvent, à même taux de protéines, si vous présentez un bol de céréales ou un bol de viande à un lion, lequel va-t-il choisir, à votre avis ? Si cela n'a « pas la même tête » (le même aspect), c'est que la composition est différente et, donc, cela ne relève pas du même régime alimentaire. Les carnivores ont un système digestif prévu pour des produits carnés, donc pour des protéines d'origine animale (puisque ses enzymes ne reconnaissent que les nutriments qui leur sont destinés).

Autrement dit, il est aussi incongru de vouloir faire de votre chien un végétarien que d'essayer de forcer un cheval à manger du steak ! On a bien vu, dans le passé, la catastrophe avec les vaches et les farines animales... C'était tellement stupide qu'elles en sont devenues folles, les pauvres !

Chacun son régime alimentaire, chacun ses aliments. Si le végétarisme vous attire, libre à vous de vous y convertir (c'est le privilège des omnivores). Mais ne l'imposez pas à votre animal de compagnie, car lui ne peut ni choisir, ni changer son régime alimentaire. Pour Max et Minou, la viande reste incontournable, obligatoire, VITALE ! Et si vous voulez vraiment rester végétarien jusqu'au bout, adoptez plutôt une tortue ou un lapin : vous mangerez des salades ensemble !

92) Un animal vegan, c'est possible ?

Bien sûr que NON ! Si un chien ou un chat végétarien est déjà un non-sens, vouloir en faire un vegan est carrément impossible. Cela relève de l'absurdité et même de la maltraitance alimentaire, digestive et métabolique. Votre compagnon ne mérite pas cela !

Je l'ai assez dit dans les questions précédentes :

- les chiens et les chats restent des carnivores à la base ;
- on ne peut pas changer leur régime alimentaire pour des raisons purement humaines (éthiques, philosophiques...), sans tenir compte de leurs besoins vitaux ni de leurs mécanismes digestifs.

Donc, s'ils ne peuvent pas devenir végétariens, ils peuvent encore moins devenir vegan ! De même qu'on ne transforme pas un herbivore en carnivore (vouloir qu'une vache mange de la viande est totalement idiot !), on ne transforme pas un carnivore en végétarien ou en vegan. C'est comme si vous imposiez aux koalas de ne plus manger d'eucalyptus, sous prétexte de vouloir sauver ces plantes ! Ou comme si vous empêchiez les lions de manger de jeunes antilopes parce que vous ne voulez pas qu'ils tuent des bébés... Eh bien non, ce n'est pas comme cela que ça marche.

La Nature a prévu des proies et des prédateurs. Elle a prévu des régimes alimentaires différents et spécifiques pour chacun. On ne peut pas tout chambouler sous prétexte que nous, humains, voulons changer le monde selon notre vision et notre volonté. Respectons la Nature : elle a créé le monde, les animaux et les végétaux bien plus intelligemment que personne. C'est lui faire insulte que de ne pas la connaître, la nier et même vouloir la transformer à tout prix.

Par contre, là où l'on peut *vraiment* agir, c'est en faisant en sorte que les aliments, notamment ceux provenant d'animaux (viande, poisson...) soient produits ou élevés de façon éthique et morale. Les solutions sont nombreuses et réalisables : élevage extensif et en pleine nature, conditions de vie éthiques et acceptables, élevages bio, abattages dans les meilleures conditions, pas de gaspillage, valorisation de tous les déchets...

Alors là, on aura avancé, dans le double respect des animaux qui sont mangés et de nos animaux de compagnie qui les mangent.

Le végétarisme et le véganisme appliqués à son animal : de la maltraitance animale

Chez les animaux de compagnie, le phénomène de végétarisme et même de véganisme devient de plus en plus important et inquiétant ces dernières années, avec les problèmes de santé inhérents pour les chiens et les chats, en nette augmentation (notamment, diverses carences). Les autorités sont en train d'évaluer dans quelle mesure il faudrait prévoir des sanctions contre les propriétaires pour ces comportements inadaptés, le changement de régime alimentaire ainsi imposé étant alors assimilé à de la maltraitance animale.

Chapitre 4

Quelques maladies en lien avec l'alimentation industrielle

Ce sujet me tient à cœur car, malheureusement, les problèmes de santé ont explosé ces dernières années, chez les chiens comme chez les chats. Des maladies « légères » mais aussi de plus en plus de maladies sérieuses, chroniques, graves voire mortelles. Avec, quasiment toujours, un lien direct ou indirect avec la nourriture. Pas n'importe quelle nourriture : la nourriture industrielle.

C'est pourquoi cette partie est si importante pour moi : **plus les animaux seront nourris avec des plats maison, moins ils seront malades.**

Pour une vétérinaire comme moi, c'est la raison d'être de mon métier, le fondement de ma vocation, le but de ma vie : garder les animaux en pleine forme, le plus longtemps possible. Mais, pour cela, il FAUT que les maîtres comprennent les effets terriblement néfastes et les enjeux vitaux liés à la nourriture industrielle par rapport à leur compagnon, surtout s'agissant des croquettes. On ne peut arriver à expliquer cela qu'en illustrant les effets néfastes et leurs conséquences par des exemples concrets de maladies et de leurs causes, ce qui fera l'objet de cette dernière partie du livre.

J'ai repris uniquement les principales maladies en en laissant beaucoup de côté, car j'ai déjà développé cette thématique très largement dans mon livre précédent, au titre évocateur (*Nos chiens et chats malades de leurs croquettes*, décembre 2016). Si vous voulez avoir plus d'informations sur toutes les maladies, ainsi que les explications et leurs liens avec les croquettes, je vous renvoie à cet ouvrage précédent. Ici, je vais en reprendre quelques-unes, avec des éclaircissements brefs et simples. De quoi vous ouvrir les yeux, vous faire réfléchir afin que vous compreniez *vraiment* ce que risque votre chien ou votre chat chaque fois que vous lui donnez des croquettes. Je n'exagère rien, malheureusement. Seule une prise de conscience réelle de votre part, et la volonté de faire passer votre compagnon poilu rapidement à une alimentation saine, pourront sauver sa santé et même sa vie. Véritablement.

93) Mon chien ou mon chat est obèse, pourquoi?

On grossit uniquement parce qu'on avale beaucoup plus de calories que nécessaire. Les calories sont surtout apportées par les graisses et les sucres. Si un chien ou un chat est trop gros, c'est parce qu'il mange trop de matières grasses et de glucides. Or, on a vu que les croquettes sont remplies de sucres (taux de 25 à 50 % !) et de mauvaises graisses, non utilisées par l'organisme et, donc, stockées. Alors, si votre animal est obèse, ne cherchez pas : c'est parce qu'il mange des croquettes.

De fait, en le repassant à une alimentation saine, il maigrit progressivement, retrouvant son poids normal. Ainsi, cet ancien obèse pourra de nouveau courir, sauter, faire sa toilette ou passer par la chatière, qu'il soit stérilisé ou pas (voir aussi la question 81). Et n'ayez pas peur de lui donner de bonnes graisses : elles seront bien utilisées et non stockées, donc n'aggraveront pas son surpoids.

Si, après plusieurs semaines de bonne alimentation maison, votre chien ou votre chat n'a pas maigri naturellement, je vous renvoie à la question 96, « Comment faire maigrir mon chien ou mon chat ? ».

94) Un labrador, c'est un chien toujours gros !

Non, le labrador n'est pas un chien « automatiquement » gros. Les chiens de ma consultation, nourris avec des plats maison, ne sont pas obèses. Certains sont un peu enveloppés mais pas gros, qu'ils soient labradors, bouledogues ou épagneuls, qu'ils soient stérilisés ou pas. Puisqu'ils ne mangent pas de croquettes (ou quasiment pas), leur consommation de sucres et de mauvaises graisses n'est pas excessive et leur poids se maintient à un niveau normal, même s'ils sont stérilisés.

Si un animal nourri avec de la cuisine maison est gros, c'est parce que les proportions ne sont pas correctes : le plus souvent, il y a trop de féculents. On diminue alors les féculents en augmentant les légumes et le problème est résolu en quelques semaines, le temps de perdre les kilos superflus.

Vous pouvez vous aider des conseils et du tableau de la question 96, qui aborde ce sujet.

95) Un animal stérilisé devient-il d'office gros ?

Le surpoids n'est pas lié à la stérilisation, ou alors à peine, pour maximum 5 à 10 % du poids. Par exemple, cela voudrait dire qu'un épagneul de 20 kg aurait 1 à 2 kg de plus s'il était stérilisé… Pas de quoi le rendre obèse ! Vous comprenez donc que l'opération n'explique pas les problèmes de surpoids.

Comme disait l'un de mes professeurs : « *On devient gros simplement parce que l'on avale trop de calories.* » Un animal prend donc du poids *via* son alimentation, qu'il soit stérilisé ou pas.

Par contre, regardons de plus près ce qui se passe quand un animal se fait stériliser : on l'opère et… on change sa nourriture en passant à des croquettes supposées adaptées, les croquettes « spéciales animal stérilisé ». Voilà les fautives !

Une double preuve le confirme :

- tous les animaux opérés ne sont pas gros ; seuls ceux mangeant des croquettes ont un grand risque de le devenir ;
- la plupart des animaux mangeant des croquettes sont en surpoids, indépendamment de leur éventuelle stérilisation.

Ce n'est donc pas la stérilisation qui entre en jeu dans le surpoids, mais bien l'alimentation industrielle et surtout les croquettes, même si elles sont « spéciales animal stérilisé », car elles sont comme toutes les autres : des produits ultra-transformés, pleins de sucres et de mauvais gras (lire aussi la question 81).

96) Comment faire maigrir mon chien ou mon chat ?

Le surpoids, et même l'obésité, sont devenus un problème en forte augmentation chez nos animaux de compagnie, tout comme chez les humains. J'ai évoqué les causes et les mécanismes d'installation de cette surcharge pondérale dans plusieurs questions (81, 82, 93, 94, 95).

Les principales causes du surpoids

Je vais récapituler ici les principales causes, toutes liées à la nourriture industrielle :

1. **L'excès de glucides** (atteignant jusqu'à 50 % !), surtout *via* les sucres lents des céréales et autres sous-produits utilisés dans les croquettes (voir question 3).
2. **L'excès de mauvaises graisses** (huiles oxydées, graisses hydrogénées...) servant à remplir les croquettes et à les « emballer » avec le *digest*, pour rendre ces morceaux secs plus appétents (voir questions 3 et 5).
3. Les additifs de type **perturbateurs hormonaux** (= perturbateurs endocriniens) qui troublent les fonctions normales des hormones, dont beaucoup ont un lien avec le cycle « faim-satiété », la régulation du poids, etc. (voir question 8).
4. Le **grignotage**, avec l'incitation et même le formatage des propriétaires à donner les croquettes à volonté (une hérésie métabolique pour les prédateurs !).
5. Le **stress interne** dû aux nombreux travers des croquettes (carences, accumulation et « effet cocktail » de substances nocives, déséquilibre intestinal, mauvais pH...), qui empêche l'animal d'être calme et de se reposer correctement (animal très nerveux, hypersensible et hyperactif...). Or, on sait maintenant que le mauvais repos est un facteur favorisant l'obésité.
6. La **flore intestinale** non adéquate pour les carnivores, à l'origine du déséquilibre digestif et responsable en partie de l'obésité (cf. l'expérience de souris obèses dont la flore a été transplantée sur d'autres souris normales ; peu après, elles aussi sont devenues obèses).

Avec tous ces arguments, il est impossible de nier les liens entre nourriture industrielle et obésité.

Quid de la sédentarité ou de la stérilisation ?

Que ce soit le manque d'exercice ou l'opération (stérilisation ou castration), ces deux causes sont minimes car elles n'agissent sur le poids de l'animal que d'un facteur très petit (5 à 10 % de surpoids maximum). Une simple adaptation des plats maison est amplement suffisante pour qu'il n'y ait pas d'impact sur les kilos. De toute façon, on a vu précédemment que ce sont surtout les croquettes vendues en même temps que l'opération qui sont responsables du surpoids. Dès qu'on arrête les croquettes « spécial animal stérilisé », une grande cause d'obésité est supprimée (voir les questions 81 et 95).

Alors, concrètement, comment faire maigrir mon chien ou mon chat ?

Arrêter les croquettes à volonté

La toute première mesure à prendre pour faire maigrir votre animal, qui est aussi la plus importante, c'est d'arrêter les croquettes à volonté ! Stop au grignotage et à la malbouffe !

Pour appliquer directement cette mesure, la première et même la plus importante, je vous renvoie à la question 22, « Comment passer mon animal à l'alimentation naturelle ? ». En connaissant le profil de votre animal (cas facile, moyen ou difficile), vous saurez quelles astuces appliquer pour le remettre sur le droit chemin alimentaire.

Adapter les proportions des trois catégories d'aliments sains

Au lieu de diminuer les quantités totales de nourriture, il est préférable de revoir la répartition des ingrédients. Pour faire simple : plus un animal est gros (et doit maigrir), plus on diminue les féculents, que l'on remplace par un peu de viande et un peu de légumes. Pourquoi ? Parce que, dans une alimentation normale, ce sont surtout les sucres lents qui font grossir. Ce sont donc eux que l'on doit diminuer, et on les trouve dans les féculents.

Exemple pour un chien : au lieu de donner 1/3 viande, 1/3 légumes et 1/3 féculents (soit 33 % de chaque), on répartit avec de nouvelles proportions : 40 % de viande, 40 % de légumes et 20 % de féculents.

Je vous ai fait un tableau comparatif pour vous donner une idée de cette nouvelle répartition, nécessaire pour faire maigrir votre compagnon :

Poids normal du chien (sans obésité)	**Repas par jour** (à donner en 2 fois : moitié le matin + moitié le soir)	**Proportions normales** – 1/3 viande – 1/3 légumes – 1/3 féculents	**Proportions quand surpoids** (approximation) (40 % + 40 % + 20 %)
chien de 5 kg	150 g (75 g + 75 g)	– 50 g viande – 50 g légumes – 50 g féculents	– 60 g viande – 60 g légumes – 30 g féculents
chien de 10 kg	300 g (150 g + 150 g)	– 100 g viande – 100 g légumes – 100 g féculents	– 120 g viande – 120 g légumes – 60 g féculents
chien de 20 kg	600 g (300 g + 300 g)	– 200 g viande – 200 g légumes – 200 g féculents	– 240 g viande – 240 g légumes – 120 g féculents
chien de 45 kg	900 g (450 g + 450 g)	– 300 g viande – 300 g légumes – 300 g féculents	– 360 g viande – 360 g légumes – 180 g féculents

On peut même encore un peu augmenter les légumes pour l'effet « bourratif » et coupe-faim.

Attention : ces chiffres sont purement indicatifs car il y a de grandes variations individuelles. Chez certains animaux, il faudra les adapter :

- ou bien les augmenter un peu (jeune animal, animal sportif, animal senior, maman gestante…) ;
- ou bien les diminuer (animal ayant une grosse tendance à l'embonpoint, animal sédentaire…).

Néanmoins, je vous les ai donnés pour que vous voyiez concrètement, avec des exemples chiffrés, à quoi ressemble l'adaptation des proportions pour les animaux qui doivent maigrir.

Si vous voulez le faire sans balance, de façon visuelle (« au pif », comme on dit), au lieu de faire le partage en trois parties comme le sigle de la paix, vous faites :

- une presque moitié de gamelle de viande (+/- 40 %) ;
- une presque moitié de gamelle de légumes (+/- 40 %) ;
- le reste pour les féculents (une fine tranche de gamelle pour les 20 % restants).

Supprimer les extras

Il faut arrêter les extras, les grignotages (biscuits et autres friandises) ne faisant pas partie d'un repas normal. Il est clair que ces mini-apports sont inutiles et, en plus, ils s'additionnent au cours de la journée, constituant une source non négligeable de surplus d'énergie favorisant le surpoids.

D'autant que ce sont souvent de petites choses très sucrées, donc de petites « bombes caloriques »...

Arrêter les barres à mâcher

Il faut distinguer deux types de barres à mâcher : les bonnes et les mauvaises.

Les mauvaises barres à mâcher, de type industriel, sont bourrées de deux choses inutiles voire délétères : des céréales et des additifs (lisez les étiquettes et vous verrez). En effet, les céréales contiennent des sucres lents, et les additifs sont notamment des perturbateurs hormonaux, intervenant négativement sur l'équilibre métabolique (et, donc, induisant du surpoids). Quelles sont ces barres à mâcher néfastes ? Celles vantées par les spots publicitaires où les industriels essayent de vous convaincre d'en donner une chaque jour (avec le nombre de chiens et de chats en France, multiplié par 365 jours par an, cela fait une fameuse rente !).

Les bonnes barres à mâcher sont faites de produits naturels, comme la peau de bœuf ou les oreilles de porc séchées, et sans aucun additif (pas de colorant ou autre). Celles-là, vous pouvez en donner tous les jours à votre animal si ça lui chante, pas de problème !

Notez que les barres à mâcher ne sont pas indispensables pour les animaux, ces derniers ayant un mécanisme naturel empêchant la plaque dentaire et le tartre de s'installer : leurs bonnes bactéries buccales acidophiles, dépendant de leurs bonnes bactéries intestinales, elles-mêmes dépendantes d'un bon régime alimentaire, naturel et carné, donc acide (lire aussi les questions 20 et 85).

Si possible, augmenter un peu l'exercice physique

Évidemment, inutile de lui acheter un vélo de salon ou un tapis roulant (quoique...). Pour les chiens, les exercices à augmenter ne sont pas nombreux :

- rallonger un peu le temps de promenade ;
- le faire jouer un peu plus, et plus souvent ;
- aller faire votre footing avec lui (s'il est capable de suivre, car pas question de l'épuiser !) ;
- le faire nager dans une rivière ou un cours d'eau (de préférence salubre).

Pour les chats, il y en a encore moins : essayez de le faire jouer un peu plus, et plus souvent. Si vous l'avez habitué, dès petit, à porter un harnais et à se promener en laisse, vous pouvez également le sortir un peu.

Ce seront toujours des calories en moins car consommées par l'organisme, au lieu d'être stockées. Mais ne vous leurrez pas : chez les animaux, l'augmentation de l'activité n'est pas la solution prioritaire (et chez les chats, vous pouvez toujours courir !). Un animal peu sportif restera toujours peu sportif. Seule la limitation des apports alimentaires donne les meilleurs résultats. Or, concernant ces apports, on peut jouer sur plusieurs niveaux complémentaires :

- arrêter la malbouffe industrielle ;
- arrêter le grignotage (avoir deux ou trois repas journaliers) ;
- améliorer la qualité des repas (alimentation saine) ;
- diminuer les quantités ;
- adapter les proportions (diminuer les féculents) ;
- préférer les barres à mâcher naturelles ;
- (si possible : augmenter les exercices).

Remarque : pour les animaux très obèses ou ayant beaucoup de mal à maigrir, on peut aller jusqu'à supprimer totalement les féculents des repas ou à n'en donner qu'une fois par semaine, en toute petite quantité. Autrement dit, on ne donne plus que de la viande (ou autres produits carnés comme le poisson, les œufs – maximum une fois par mois – ou des dérivés laitiers) et des légumes. Cela marche, mais il faut être patient car on ne commence à voir les résultats qu'après plusieurs semaines.

J'ai personnellement dû recourir à cette mesure drastique avec l'une de mes chiennes, recueillie déjà obèse, et elle a maigri. C'était la seule solution, car jouer seulement sur les proportions et les quantités n'était pas suffisant pour lui faire perdre des kilos. Depuis, elle maintient son poids (elle reste légèrement enveloppée), mais je continue à ne donner qu'un tout petit peu de féculents, une fois par semaine, sinon elle reprendrait des kilos aussi sec ! C'est son métabolisme, et il faut composer avec lui.

Je vous confirme que, pour les animaux ayant tendance à l'embonpoint, il n'y a pas de carence ni de conséquence négative si vous supprimez totalement les féculents. Leur organisme utilise les autres aliments comme source d'énergie puisque les produits carnés sont source de protéines et de matières grasses animales, apportant aussi les calories indispensables. Pour rappel, les féculents sont les nutriments dont les carnivores ont le moins besoin.

Le faire maigrir lentement !

Sixième point, et non des moindres : maigrir doit se faire lentement, car **un kilo lentement perdu est un kilo définitivement perdu.**

Si votre animal maigrit trop vite, il va reprendre les kilos perdus en quelques semaines (comme les humains, avec « l'effet yo-yo »). Pour vous faire une idée, un animal doit perdre entre 500 grammes et un kilo maximum par mois ! Autrement dit, un labrador qui doit perdre 5 kg mettra entre 5 et 10 mois à voir ses kilos lentement s'envoler. Il faut donc être PATIENT ! Mais le résultat sera là, et surtout... définitif.

97) Mon chien ou mon chat est diabétique, pourquoi ?

Le diabète du chien est très semblable au diabète de type 2 chez l'humain : il est dû au surpoids, acquis à cause d'une mauvaise alimentation. Avec des croquettes trop riches en glucides, son taux de sucre dans le sang est tous les jours trop haut, ce qui finit par détraquer son système naturel de régulation (insuline).

Le diabète du chat est un peu différent et peut avoir deux grandes causes : soit la même cause que le diabète du chien, à savoir l'alimentation industrielle, à l'origine d'un surpoids néfaste, soit un stress ! En effet, le chat est un animal anxieux par nature.

Quand il subit un stress important (déménagement, perte d'un maître ou d'un autre animal, gros changement dans la famille...), le chat voit l'une de ses hormones augmenter beaucoup trop : le cortisol. Cette substance est naturellement synthétisée par l'organisme mais, quand le taux devient trop haut pendant plusieurs semaines, cela a une conséquence importante : l'augmentation du sucre dans le sang (hyperglycémie), pouvant mener au diabète.

Cependant, cette cause donne un diabète transitoire ! Ce qui implique que cette maladie ne doit pas être traitée de la même manière qu'un diabète classique (avec de l'insuline) car, après quelques semaines ou mois, le stress diminue, et ce diabète disparaît de lui-même. Si l'on instaure un protocole avec de l'insuline, après quelque temps, le chat aura tendance à faire des hypoglycémies dangereuses, le traitement étant devenu trop fort pour lui puisque son « pseudo-diabète » diminue et disparaît tout seul, après plusieurs mois, quand son stress retombe.

Reprenons donc les traitements et, surtout, la prévention du diabète chez nos animaux de compagnie :

- **pas de diabète** si votre animal mange des aliments sains et n'est pas en surpoids (*pas de croquettes = pas de surpoids = pas de diabète*) ;
- **pas de traitement à l'insuline** chez un chat devenu diabétique après un stress, car son diabète n'est pas une maladie « vraiment » définitive, mais juste la conséquence de son stress qui va diminuer toute seule avec le temps (diabète transitoire).

Il y a en fait quatre raisons pour lesquelles les croquettes sont à l'origine du diabète :

1. Les croquettes sont **trop riches en graisses et en glucides** (jusqu'à 50 % pour certaines marques !) : trop de sucre avalé = taux de sucre trop élevé dans le sang (hyperglycémie), trop de sucres et de graisses = surpoids.
2. Avec les **aliments ultra-transformés**, l'organisme est toujours sous stress (manque de bons nutriments, additifs... voir les défauts des croquettes dans le chapitre 1). Ce stress interne perpétuel est un **stress métabolique** suffisant pour que le corps sécrète tous les jours trop de cortisol (l'hormone du stress), favorisant l'hyperglycémie et l'apparition du diabète.
3. L'**utilisation d'additifs**, dont la plupart sont des perturbateurs hormonaux détraquant divers systèmes de régulation – dont celui de l'insuline qui régule la glycémie, menant au diabète chez certains animaux plus sensibles.
4. Le **grignotage avec la nourriture à volonté** : à cause des prises alimentaires – même minimes – très fréquentes, quinze à vingt

fois par jour, le pancréas sur-travaille, augmentant la résistance à l'insuline et favorisant le diabète.

Les causes du diabète

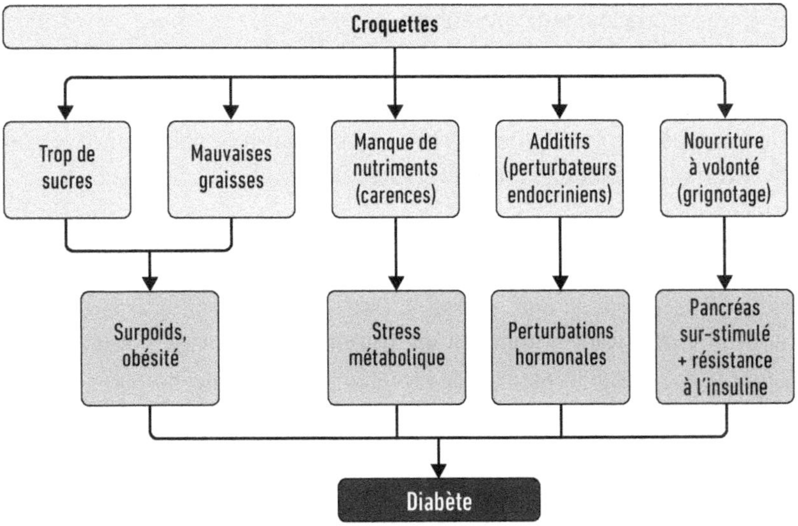

98) Donner à manger à volonté, est-ce bon ?

Non seulement ce n'est pas naturel, mais en plus, c'est hyper mauvais pour la santé, surtout pour nos petits prédateurs de maison ! Le grignotage peut conduire à l'obésité, puis au diabète. En outre, le grignotage tue. Comment ? Voyons cela.

Les carnivores sont des prédateurs, dont le rythme digestif est dirigé par les cycles « faim-satiété » :

- il a faim => il part à la chasse ;
- il mange sa proie => il est repu, n'a plus faim et a fait des réserves.

Il retournera à la chasse quand il aura de nouveau faim, donc plusieurs heures plus tard (ou plusieurs jours, pour le lion). Mais quand un prédateur mange comme une proie, qu'il grignote toute la journée de petites quantités, ses organes digestifs travaillent trop et surtout trop souvent, ce qui les épuise !

Comparons les deux situations :

1. **L'animal mange normalement, deux fois par jour (matin et soir) :** son système digestif, avec tous ses organes (estomac, intestin, foie, pancréas...) travaille deux fois par jour, matin et soir, ce qui est un rythme normal pour un prédateur.
2. **L'animal mange ses repas industriels à volonté :** il grignote deux ou trois croquettes toutes les heures ou toutes les deux heures.

Or, il faut savoir que, dès qu'on avale quelque chose, même un tout petit aliment comme une seule croquette, le signal est envoyé à tout le système digestif : « *Je vais manger.* » Branle-bas de combat, tous les organes digestifs se préparent à recevoir le bol alimentaire : les glandes salivaires produisent la salive, l'estomac sécrète ses sucs gastriques, l'intestin enclenche son péristaltisme, le foie excrète ses acides biliaires, le pancréas se prépare à larguer son insuline pour contrôler la glycémie qui va naturellement augmenter après le repas... Bref, toute la machine digestive se prépare à travailler, à digérer un bon et gros repas... même s'il ne s'agit que d'une seule et misérable petite croquette.

Si le chien ou le chat grignote dix à vingt fois par jour, son système digestif va se préparer... dix à vingt fois par jour ! Or, pour des organes qui sont censés ne travailler que deux ou trois fois quotidiennement... Faites le calcul : les organes digestifs travaillent dix fois plus que prévu, chaque jour de nourriture à volonté donc chaque jour de grignotage. Après plusieurs mois ou années à ce rythme anormal, les organes digestifs sont sur-stimulés et « lâchent » : **c'est le *burn-out* !**

Deux types de maladies de plus en plus fréquentes sont d'ailleurs en rapport direct avec ce grignotage incessant :

- **L'insuffisance** (du foie, du pancréas). Ayant trop travaillé, l'organe est vidé, épuisé, il n'a plus la force de bosser : il devient « insuffisant » pour assurer sa fonction.
- L'organe est si souvent sollicité qu'il va s'enflammer (hépatite, pancréatite, gastrite, gastro-entérite fonctionnelle) puis **les inflammations à répétition** débouchent sur **des tumeurs** (du foie, du pancréas, de l'intestin, de l'estomac, des glandes salivaires...). Les tumeurs du système digestif ont explosé ces dernières années : vous savez maintenant pourquoi.

99) Mon animal est voleur, il mange tout et a toujours faim

Quand un chien ou un chat a faim, c'est que son organisme réclame. Il faut chercher les deux causes principales de cette sensation de faim constante et anormale :

- SOIT il ne profite pas bien de la nourriture qu'il mange, notamment quand il a des vers digestifs. C'est la cause n° 1 de cette « pseudo-boulimie » chez le chien, et surtout chez le chat, très souvent parasité, notamment à cause des souris qu'il ingère ou du toilettage, car il avale de la terre contaminée en lavant ses pattes. La solution est de le vermifuger régulièrement avec un produit vétérinaire efficace (deux fois par an pour le chien et le chat d'intérieur ; trois à quatre fois par an pour le chat qui sort).
- SOIT ses aliments sont insuffisamment riches et ne couvrent pas tous ses besoins, donc ils sont de piètre qualité et ne le nourrissent pas assez. Cette cause-là est typique de l'animal qui mange des croquettes, surtout quand ses besoins sont augmentés (période de croissance, beaucoup d'exercice, animal senior qui ne peut plus très bien croquer...). En fait, en étant voleur pour essayer de manger de tout, il tente de combler les carences de cette nourriture trop pauvre.

La solution est de le faire passer à une alimentation saine, naturelle et surtout variée qui lui apporte – enfin ! – tout ce dont il a besoin (protéines animales, minéraux, fer…). Reportez-vous au chapitre 2 pour savoir comment faire.

100) D'où vient la mauvaise haleine ?

La flore principale de l'organisme est la flore intestinale. Si cette dernière n'est pas bonne, les autres flores ne sont pas adéquates non plus (car il y a des bonnes bactéries partout), dont la flore buccale et toutes les autres : la flore de la vessie, de la sphère génitale, de la peau…

Or, la flore intestinale est totalement tributaire des aliments qui arrivent dans les intestins : si la nourriture n'est pas appropriée, il n'y a pas assez de bonnes bactéries pour protéger les divers organes, dont la bouche.

Sans bonnes bactéries (acides chez les carnivores) dans la bouche, les restes d'aliments logés entre les dents sont consommés par les « mauvaises » bactéries (qui profitent de l'absence des bonnes). Celles-ci prolifèrent et transforment les débris alimentaires en **plaque dentaire**, elle-même allant se calcifier et durcir pour donner le **tartre**.

Comme ces bactéries ne sont pas celles qu'il faut, l'odeur est anormale, nauséabonde : l'haleine est fétide (« *la bouche de mon animal sent le cimetière* », comme me disait une cliente). Le terme médical est « halitose », désignant cette puanteur émanant de la bouche de votre chien ou de votre chat. C'est parfois tellement puissant que le propriétaire pense que son animal a une dent pourrie (abcès dentaire). Cela peut être le cas : une consultation vétérinaire vous le confirmera ou non.

Quoi qu'il en soit, la solution est simple (hors abcès dentaire) : une alimentation saine garantit une flore intestinale parfaite, donc une flore buccale adéquate et une haleine normale, avec peu d'apparitions de tartre, ou très lentement.

Une solution naturelle pour limiter la mauvaise haleine

Vous pouvez aider et stimuler la flore bactérienne de la bouche de votre animal en lui donnant régulièrement du yaourt, plein de bonnes bactéries acides, parfaites pour sa bouche de carnivore. Lire également la question 85, où j'explique l'inutilité du brossage des dents chez nos animaux de compagnie.

101) *D'où vient le tartre?*

L'explication se trouve dans le paragraphe précédent, que je résume ici : l'alimentation industrielle (pas assez acide) donne une flore intestinale peu adéquate, donc une flore buccale pas assez protectrice. Les mauvaises bactéries se multiplient dans la bouche grâce aux débris alimentaires, à l'origine de l'haleine très désagréable de la bouche de votre animal. Elles prolifèrent et donnent la plaque dentaire, qui finit par se transformer en tartre.

Le tartre n'apparaît pas du jour au lendemain. Il est donc le signe que le problème des mauvaises bactéries buccales (en rapport avec une mauvaise alimentation) est présent depuis des mois, voire des années.

Les barres à mâcher, une solution ?

Pas du tout ! Je l'ai expliqué dans la question 20 : à part des céréales et des additifs, il n'y a rien de bon dans ces barres industrielles. Les alternatives naturelles sont les faux os et les bâtons à base de peau de bœuf, ou les oreilles de porc séchées.

102) Le chat et les boules de poils (dans l'estomac)

Un chat fait naturellement sa toilette. Il ingère donc quotidiennement des poils, mais en petites quantités (un peu plus en période de mue).

Cependant, quand un animal perd anormalement ses poils toute l'année, en grandes quantités, *a fortiori* quand ils sont longs, ces poils finissent dans le tube digestif. Une bonne partie est éliminée par les voies naturelles (dans les crottes ou par vomissements réguliers), mais ce qui reste s'entasse dans l'estomac ou l'intestin grêle, formant des collections de poils appelées « égagropiles » ou « trichobézoards ».

De plus, avec une alimentation sèche, entraînant une économie d'eau de la part de l'organisme, ces boules de poils sèchent, ont du mal à s'évacuer et s'accumulent. Cela peut déboucher sur une obstruction partielle – parfois totale – du système digestif. Le recours à l'ingestion de paraffine, ou même à une opération chirurgicale, est parfois nécessaire. La solution pour éviter ce problème, qui est vraiment lié à la nourriture industrielle (perte anormale de poils ainsi que sécheresse du tube digestif) est donc simple : l'alimentation naturelle.

Pourquoi ?

D'abord, grâce à l'apport de produits carnés, les poils sont « solides » et tiennent bien, évitant les pertes anormales toute l'année. Même si le chat se lèche, il n'en avalera pas des quantités trop importantes. Ensuite, avec l'alimentation humide, le transit digestif est parfait, puisque toutes les sécrétions nécessaires sont présentes et font leur travail de dilution et d'évacuation du bol alimentaire. Éventuellement, vous pouvez donner du gras (sardines à l'huile…) de temps à autre, pour faciliter le transit.

103) Un animal peut-il être allergique à un aliment ?

La vraie allergie à un aliment est peu fréquente chez l'animal de compagnie (plus chez le chien que chez le chat). La plus connue est l'allergie au bœuf, mais en réalité, elle est assez rare, l'animal étant plus souvent allergique au colorant ou à l'arôme artificiel « bœuf » des croquettes qu'à la vraie viande de bœuf !

L'allergie à d'autres aliments est possible, mais vraiment très rare. Quand l'animal a ce problème, il faut arriver à identifier l'aliment en question (pas toujours facile) et ne plus jamais en mettre dans ses plats.

Avec une alimentation naturelle, la détection et donc la suppression de cet aliment problématique est évidemment plus facile qu'avec une nourriture industrielle (pour laquelle ce n'est peut-être même pas cet aliment qui est à suspecter, mais l'un des nombreux additifs !).

Cependant, il y a une sorte d'allergie alimentaire qui est de plus en plus fréquente et délétère chez nos chiens et nos chats : **l'allergie au gluten**. C'est l'objet de la question suivante.

104) Le gluten rend-il certains animaux malades ?

Il existe une sorte d'allergie alimentaire qui a grimpé en flèche ces dernières années (tout comme chez l'humain) : l'allergie au gluten, notamment présent dans les croquettes.

J'ai déjà parlé de ce problème, en lien avec les céréales (questions 4 et 42), notamment concernant le mode d'action de cette substance. Ici, je vais plutôt me focaliser sur les problèmes de santé provoqués par le gluten car ils sont nombreux, graves et même mortels.

À cause du gluten, le système immunitaire est anormalement hyperstimulé : l'organisme se met en état d'alerte. Cet état se traduit par des réactions inflammatoires fréquentes, intenses, répétitives (car l'animal avale du gluten tous les jours !) et localisées dans trois types de tissus.

Le système digestif

Évidemment, c'est le tissu le plus atteint car il est en première ligne face au gluten, puisque c'est là que cet élément est ingéré. Malheureusement, ce ne sont pas les symptômes digestifs qui sont les plus visibles, en tout cas au début. Je dis « malheureusement » car les inflammations dans le tube digestif (estomac, intestin grêle, gros intestin) sont qualifiées « de bas grade » et ne sont quasiment pas perceptibles : tout se passe à l'intérieur et on ne voit rien. Le propriétaire n'a donc pas conscience du problème de gluten chez son animal ! Parfois, il y a bien un petit vomissement ou un « caca mou », mais le propriétaire ne fait pas le lien avec le gluten (surtout avalé *via* les aliments industriels, ou dans les pâtes et le pain des plats maison). Cependant, à cause de la nourriture industrielle, les inflammations (comme de petits incendies) abîment tous les jours des cellules digestives. Pour plus d'informations, voir la question 113.

Ces cellules doivent lutter tout le temps : certaines se réparent, beaucoup meurent, devant être remplacées. Avec le temps, après des mois, des années, les cellules digestives sont « fatiguées » de ces attaques quotidiennes. Elles sont épuisées de devoir supporter chaque jour cet agresseur (le gluten), de se faire « cramer » par l'inflammation, de devoir se reproduire plus que prévu (pour remplacer les cellules mortes)... À terme, ces inflammations à répétition, même de « bas grade », déséquilibrent tout le système digestif et sont à l'origine de tumeurs.

Cela arrive relativement vite, même de plus en plus vite ces dernières années : les tumeurs digestives (cancer de l'estomac, de l'intestin, lymphome digestif...) sont en forte croissance et apparaissent chez des animaux de plus en plus jeunes, dès l'âge de 4, 5 ou 6 ans. Un peu jeune pour mourir, que ce soit pour un chien ou pour un chat… D'autant qu'il est très facile d'éliminer le gluten de l'alimentation.

La peau

Les inflammations se déroulant régulièrement dans le tube digestif (voir section précédente), une partie des cellules inflammatoires circulent dans le sang et finissent dans le tissu sous-cutané, l'enflammant et donnant du prurit, cette envie irrépressible de se gratter et de se frotter. C'est au niveau de la peau que les signes de l'allergie au gluten sont les plus visibles :

- le chien se gratte comme s'il avait des puces, alors qu'il n'en a aucune ;
- il a la peau rouge, enflammée, parfois avec des boutons, notamment sous le ventre, entre les cuisses… ;
- il perd aussi des poils par plaques à force de se gratter.

Mais le signe le plus caractéristique du problème cutané provoqué par le gluten est le chien qui se « mange » les pattes, qui se mordille les coussinets, qui se lèche les doigts de pied sans arrêt. Ce symptôme est vraiment TYPIQUE de l'allergie au gluten.

Avec la salive et la chaleur de sa peau, l'espace confiné entre les doigts finit par s'enflammer et les bactéries s'y multiplient : c'est la pododermatite [inflammation (-ite) de la peau (dermat-) des pieds (podo-)], avec ou sans pus selon la gravité de la surinfection, compliquante mais secondaire par rapport au problème principal du gluten.

Donc, quand on donne des antibiotiques et des anti-inflammatoires dans ce cas-là, on ne traite que la surinfection bactérienne. Mais si on ne rectifie pas aussi – et surtout – l'alimentation simplement, en supprimant le gluten, ça reviendra !

Le système nerveux

Vraisemblablement, toujours selon le même processus de sur-stimulation immunitaire digestive primaire avec transport des cellules inflammatoires dans le sang, certaines d'entre elles déclenchent de « mini-incendies » (micro-inflammations) dans un tissu très sensible : le tissu nerveux. Si cela se passe dans le cerveau, il y a alors apparition de crises ressemblant à de l'épilepsie (crises épileptiformes).

Cette pathologie n'étant pas une « vraie » épilepsie (car pas génétique), le traitement médicamenteux classique ne marche pas (même avec l'addition de plusieurs médicaments ou l'augmentation des doses).

La seule solution est de supprimer la sur-stimulation immunitaire, donc de ne plus avaler de gluten. Ainsi, le système nerveux ne sera plus anormalement excité.

Le système digestif est-il vraiment un « deuxième cerveau » ?

D'autres processus expliquent certainement le lien entre l'allergie au gluten et cette sorte d'épilepsie, notamment parce que, depuis peu, on sait que l'intestin contient énormément de cellules nerveuses (même plus que le cerveau !). On pense donc qu'un système de communication sophistiqué existe entre ces deux organes qui ne semblent pourtant pas directement reliés : le système digestif et le système nerveux (cerveau). On peut résumer la chose ainsi : si ça ne tourne pas rond dans le ventre, ça ne tourne pas rond dans le cerveau !

Pour supprimer le gluten de l'alimentation de votre animal, reportez-vous au chapitre 2 consacré à l'alimentation maison. Mais, en résumé, il vous faudra supprimer la nourriture industrielle, les barres à mâcher et les céréales, et donner à la place une alimentation saine.

Que faire ensuite ?

Une fois les symptômes disparus, peut-on à nouveau donner des aliments contenant du gluten ? Il faut d'abord savoir que, concernant le gluten, il y a trois types de réactions :

- les **non-allergiques**, mais qui peuvent le devenir à tout moment après des mois ou des années, puisqu'il y a sensibilisation avec le temps et les contacts ;
- les « **un peu allergiques** » : si on leur diminue le gluten (mais pas totalement), ils n'ont pas trop de problèmes (exemple : donner des pâtes une à deux fois par mois maximum) ;
- les **vrais allergiques** : chez eux, on est obligé de totalement supprimer le gluten, car avec trois miettes de pain, leur allergie recommence *illico*, avec des symptômes très importants !

Pour votre animal, il faut donc essayer de trouver la gravité de l'allergie. Je vous propose le test suivant :

1. **Supprimer totalement le gluten** (céréales, croquettes, barres à mâcher, pâtes, pain) pendant deux à trois semaines, jusqu'à la disparition totale des symptômes. C'est une façon de « remettre les compteurs à zéro ».
2. **Puis donnez un peu d'aliments à gluten** et voyez s'il recommence directement les grattages/léchages ou non, ainsi que leur intensité.

Vous saurez donc s'il est un peu ou très allergique, et cela vous permettra de gérer les choses au mieux par la suite, pour savoir si un peu de gluten est toléré ou non par son organisme. Si son corps n'en tolère pas du tout, il s'agit donc d'un vrai allergique au gluten, qui ne devra plus jamais en avaler.

Dernier conseil : pour les animaux n'ayant pas – encore – de problèmes d'allergie au gluten, je conseille néanmoins de ne pas en donner trop souvent (maximum une fois par semaine) car plus il en avale, plus son corps se sensibilise, plus le risque de développer une vraie allergie augmente. Or, une fois qu'il l'aura développée, ce sera dorénavant un animal avec un régime alimentaire plus difficile à gérer.

La limitation d'absorption en préventif est plus facile à organiser et lui évitera de devenir un vrai allergique.

105) Pourquoi mon animal a-t-il des poils de couleur anormale?

Au lieu d'avoir le poil noir, votre chien est plutôt couleur rouille ou chocolat? Votre chat, censé être noir, a des poils tirant sur le rouge? Ou encore, votre chat bleu a un pelage plutôt beige clair?

La coloration des poils est affaire de protéines, surtout animales, et plus exactement de certains acides aminés comme la **tyrosine**. En effet, la fabrication des «colorants» des poils se fait en plusieurs étapes. Le corps synthétise d'abord la couleur rouge puis, grâce à la tyrosine, le poil achève sa coloration finale: la couleur rouge se transforme alors en couleur noire (mélanine).

Si le chien mange assez de protéines animales (produits carnés), il a assez de tyrosine et ses poils sont bien noirs, sa fourrure a une couleur bien prononcée. Pour le chat, avec la tyrosine, c'est pareil: le colorant rouge des poils se transforme en noir, et le colorant beige clair se transforme en bleu (chat bleu comme le chartreux, le bleu russe...).

Si votre animal mange sainement, il n'aura pas de carence et ses poils seront bien noirs ou bleus, suivant sa génétique. Mais si votre animal mange des croquettes, il n'aura pas assez de protéines animales, donc pas assez de tyrosine. Par conséquent, la coloration des poils ne se terminera pas correctement, elle n'ira pas jusqu'au bout.

La solution est de donner des produits carnés (de préférence de la viande) pendant deux ou trois semaines. Vous verrez alors son pelage revenir à sa couleur normale. Par la suite, il faut lui donner des produits carnés régulièrement pour qu'il entretienne cette couleur.

Si votre animal mange assez de viande mais a quand même ce problème, il faut penser à le vermifuger, car ce sont les vers digestifs qui l'empêchent d'absorber tous les bons nutriments comme la tyrosine, dont la carence est alors visible sur la fourrure (vermifuge : deux fois par an pour le chien et le chat d'intérieur ; trois à quatre fois par an pour le chat qui sort).

106) Pourquoi la truffe de mon chien se dépigmente-t-elle ?

Les chiens avec une truffe foncée ou noire peuvent parfois la voir se dépigmenter progressivement. C'est la même cause que pour le problème de coloration des poils vu dans la question précédente : il y a un manque de protéines animales, et de certains acides aminés en particulier.

En donnant une alimentation saine, avec des produits carnés régulièrement (et en continu pendant deux ou trois semaines si la dépigmentation est importante), la truffe va retrouver sa couleur naturelle.

N'oubliez pas non plus de vermifuger régulièrement votre animal, afin qu'il profite de tous les nutriments de ses repas maison.

107) Mon animal a des pellicules

La peau est constituée de plusieurs couches (hypoderme, derme, épiderme), dont la couche la plus externe est composée d'un empilement de cellules cutanées mortes, « collées » entre elles par des matières grasses, un peu comme le ciment qui « colle » les briques et permet au mur d'être bien solide.

Si l'organisme manque de matières grasses de qualité dans la nourriture, la peau est trop « sèche ». C'est alors comme un mur qui manque de ciment : les briques ne tiennent plus entre elles. C'est pareil pour la peau : sans matières grasses, les cellules mortes ne tiennent pas entre elles et se détachent, donnant les pellicules, aussi appelées « squames ».

Deux causes peuvent provoquer l'apparition de pellicules :

- le **manque de matières grasses d'origine animale** dans l'alimentation : les croquettes, pauvres en « bonnes graisses », sont la cause n° 1 !
- l'apport en graisses est suffisant, mais l'organe indispensable pour utiliser et transformer ce bon gras est un peu fatigué : **le foie est surchargé**.

Ainsi, vous avez deux façons de faire disparaître les pellicules anormales chez votre animal :

- vous le mettez à une alimentation saine, avec de bonnes matières grasses (jus de viande, poisson, produits laitiers tels que le fromage, le beurre...). Pas de panique : il ne grossira pas car tout ce bon gras sera utilisé et non stocké.
- vous pouvez aussi nettoyer le foie avec des plantes (drainage du foie). Il faut d'autant plus y penser chez les animaux âgés, en surpoids, ayant maigri ou ayant pris des médicaments récemment ou régulièrement (traitements de maladies). Voir la question 70.

108) Les poils secs, les coussinets fissurés, la truffe craquelée

Rien de plus désagréable que de caresser un chien avec des poils secs, rêches, qui « accrochent » la main, que ce soit sur toute sa fourrure ou sur certaines parties. Pour les coussinets, inutile de graisser les pattes de son chien si ses coussinets sont secs, gris, abîmés voire fissurés. Quant à la truffe craquelée, soyons franc : c'est moche !

Or, pour ces trois problèmes, la cause est la même. On a vu dans la question précédente que, quand le bon gras manque dans la nourriture, les conséquences sur la peau sont visibles : ce sont les **pellicules**. Mais si cette carence s'exprime à d'autres niveaux, comme sur les poils ou les structures annexes de la peau appelées « phanères », par exemple la truffe ou les coussinets, ces tissus sont également trop secs et se fissurent (comme un sol manquant d'eau : il est tout craquelé).

Donc, il s'agit bien soit d'un manque de bon gras dans les repas, soit d'une surcharge du foie, qui n'assure plus la bonne utilisation interne des lipides.

Au niveau des poils, chaque follicule pileux a, à sa base, une petite glande sébacée dont la sécrétion – le sébum – va lustrer le poil. Chaque poil étant ainsi « graissé », cela lui permet d'être protégé, brillant, lustré, assurant ainsi une fourrure soyeuse et hyper douce à caresser.

Pour les coussinets et la truffe, un peu comme pour la peau, les bonnes graisses sont le « ciment » des cellules et permettent leur cohésion, leur bonne tenue entre elles, la consolidation de la structure.

De fait, avec une alimentation naturelle, de bons plats maison, ce sont des problèmes que les chiens et les chats ne connaissent pas (lire également les questions 44 et 88).

109) Mon animal se gratte partout et/ou se lèche les pattes sans arrêt, pourquoi ?

Ne cherchez pas midi à quatorze heures : le chien qui se lèche et/ou se mâchouille l'extrémité des pattes présente un signe TYPIQUE de **l'allergie au gluten**. On le voit d'ailleurs directement : l'animal a le bout des pattes décoloré, d'une couleur différente du reste de son pelage. Ce symptôme est aussi, souvent, accompagné du grattage des flancs, du mordillement des pattes ou des côtes... Bref, des gratouilles diverses, mais sans puces !

On trouve le gluten surtout dans les croquettes, mais aussi dans les barres à mâcher, les boîtes de pâtée, ou dans le pain, les pâtes et les pâtisseries de la nourriture maison.

La solution consiste à supprimer totalement les aliments problématiques contenant cette substance, pendant deux ou trois semaines au minimum, le temps que l'organisme l'élimine.

Un problème « collant »

Auparavant, il suffisait d'enlever les aliments contenant du gluten durant quelques jours pour que cessent les symptômes de grattage. Mais maintenant, il faut bien compter deux ou trois semaines avant de voir les symptômes de grattage et/ou de léchage de pattes diminuer et disparaître, le gluten actuel étant plus « collant » et l'organisme ayant plus de mal à s'en débarrasser.

Lire également la question 104, le gluten entraînant malheureusement d'autres problèmes parfois bien plus graves que les grattages cutanés.

110) Pourquoi mon animal a-t-il souvent de la gale d'oreille et/ou des otites ?

Ces deux maladies sont liées à la présence indésirable de « bébêtes » dans les oreilles, notamment au printemps : des parasites de la taille des acariens pour la gale d'oreille, et des bactéries pour l'otite.

Il faut savoir que la Nature est bien faite. Normalement, il y a dans les oreilles des sécrétions acides qui protègent les conduits auditifs de ces microbes : le cérumen (c'est le même principe que de mettre du chlore dans la piscine pour éviter la multiplication de micro-organismes, mais en naturel).

Si le chien ou le chat mange une alimentation saine (rappel : le régime carnivore est acide), toutes ses sécrétions sont naturellement acides (larmes, salive, sébum de la peau...) ainsi que son cérumen, empêchant les microbes de s'y multiplier car le milieu est trop acide pour leur développement.

De fait, ce sont des problèmes souvent liés à la nourriture industrielle, les croquettes n'étant pas assez acides (trop alcalines). Le cérumen n'est alors plus assez efficace pour remplir correctement son rôle protecteur.

La solution est simple : en plus de traiter le problème (médicaments), il faut revenir à une alimentation saine, avec de bons produits carnés. L'acidité naturelle du cérumen (et des autres sécrétions) va ainsi augmenter et revenir à la normale. Les oreilles de votre compagnon seront alors à nouveau naturellement protégées contre la multiplication des microbes indésirables, aussi bien bactéries que parasites (acariens).

Une gale d'oreille liée au printemps est parfois encore possible, mais c'est beaucoup plus rare et surtout moins « méchant ».

Pour les otites, en plus de l'alimentation naturelle, il faut éviter que le chien ait de l'eau dans les oreilles (après une baignade, un bain, un toilettage). Vous pouvez passer un coton-tige à sec (à la fin de la journée de baignade par exemple, ou après le bain) pour « sécher » le conduit auditif et empêcher les bactéries de se multiplier dans l'eau stagnant dans les oreilles.

111) Mon animal boit beaucoup : pourquoi ?

Le terme technique pour un animal qui boit plus que la normale est « polydyspsie ». Les causes sont très nombreuses, certaines naturelles, d'autres liées à un problème de santé.

Les causes normales sont une **augmentation de la soif** provoquée surtout par la chaleur ou par la nourriture sèche (croquettes).

Les causes possibles liées à un problème de santé sont beaucoup plus nombreuses :

- un problème **urinaire** (reins, cystite, calculs...) ;
- un problème **digestif** (vomissements, diarrhée, troubles du foie) ;

- un problème **vasculaire** : les vaisseaux sanguins laissent sortir le liquide hors des vaisseaux (déshydratation, œdème, hémorragie…) ;
- un problème **hormonal**…

De toute façon, il vaut mieux consulter un vétérinaire pour ne pas passer à côté d'une maladie qui peut s'aggraver si elle n'est pas détectée à temps.

Pour en revenir à l'alimentation industrielle, il y a un paradoxe peu connu mais bien réel, avec des conséquences lourdes sur la santé de votre chien ou de votre chat : avec les croquettes, donc une alimentation sèche, votre animal va boire plus que la normale mais, malgré cette compensation, il sera toujours en sous-hydratation.

Le paradoxe est donc qu'un animal avec une alimentation sèche, même s'il boit beaucoup, manque de liquide interne ! Pourquoi ce paradoxe ? L'état d'hydratation d'un animal est directement lié à ses apports de liquide quotidiens :

Normalement :

a. 80 % apportés par l'alimentation (aliments humides) ;

b. 20 % fournis par la boisson.

Total : a + b = 80 + 20 = 100 % de ses besoins sont couverts.

MAIS avec les croquettes, le rapport est totalement déséquilibré :

a. apport alimentaire : 10 % (au lieu des 80 % normaux) car les croquettes sèches ne contiennent QUE 10 % d'eau ;

b. apport par la boisson : augmenté (l'animal boit beaucoup) mais jamais assez, car il faudrait que l'animal boive ses 20 % normaux + les 70 % qui lui manquent dans son alimentation : c'est impossible !

Imaginons que l'animal boive trois fois plus qu'il ne devrait : 60 % (3 × 20 % normaux). En faisant le total a + b = 10 + 60 = 70 % de ses besoins quotidiens sont couverts. Donc, il a encore un déficit hydrique journalier de 30 % !

Et s'il buvait quatre fois plus ? On aurait quand même toujours un déficit hydrique de 10 % chaque jour : a + b = 10 % + (4 × 20 %) = 90 %.

C'est donc le paradoxe dont je vous parlais : vous voyez votre animal boire quatre fois plus que la normale mais, malgré tout, il lui manque chaque jour 10 % de son eau.

Il est donc chaque jour un peu déshydraté, c'est-à-dire que son organisme est toujours « sous-hydraté ». Alors que s'il mangeait naturel et buvait normalement (pas tant que cela), il serait parfaitement hydraté ! Avec le temps, ce manque d'eau récurrent a des conséquences néfastes :

- sécheresse de la peau, des poils, des coussinets... (manque de bon gras et aussi d'eau) ;
- moins de sécrétions (œil sec, kératite sèche, glandes anales bouchées) ;
- moins de salive : tartre, digestion plus difficile ;
- des reins qui travaillent trop (pour économiser l'eau au maximum !) ;
- un sang toujours un peu trop épais (moins liquide) donc le cœur se fatigue plus (car c'est plus dur de pousser du sang plus visqueux dans les petits vaisseaux) ;
- des réactions métaboliques et des échanges cellulaires plus difficiles car les milieux sont moins « fluides » ;
- des tissus moins humides, donc plus secs (chez les humains, cela favorise les rides) ;
- vieillissement précoce des cellules, des tissus...

Bref, l'animal se dessèche au fil des jours !

Même en tournant les chiffres dans tous les sens, on arrive toujours à la même conclusion : l'alimentation sèche est anti-physiologique et néfaste, à plus ou moins court terme, pour nos animaux de compagnie. Remarquez, c'est normal, car l'adage est vrai : « *On est ce que l'on mange.* »

Donc, l'animal est déshydraté... parce qu'il mange déshydraté (lire aussi les questions 1, 60 et 61) !

112) Avec les croquettes, mon animal a souvent la diarrhée (ne passant pas toujours avec le traitement ou revenant souvent)

Certains chiens ou chats développent des diarrhées quand ils mangent des croquettes, ou même parfois des « cacas mous » de temps à autre. Ponctuels ou fréquents, ces signes indiquent que la digestion ne se passe pas correctement.

Divers facteurs peuvent perturber le travail des bactéries intestinales, ainsi que celui des cellules digestives :

- une alimentation sèche (croquettes) nécessitant beaucoup trop de liquide pour être bien transformée par les bactéries et absorbée par les intestins ;
- des aliments inadéquats, difficiles à identifier et à découper pour notre flore bactérienne : c'est le cas avec les aliments du BARF ou les croquettes (questions 3, 89 et 90) ;
- des substances non alimentaires dans les aliments industriels (additifs : colorants, conservateurs...) ;
- des aliments alcalins instaurant un milieu défavorable à la flore naturellement acide des carnivores, et facilitant même le développement d'une flore inadéquate (mauvaises bactéries intestinales) ;
- une nourriture industrielle trop riche en glucides, favorisant des fermentations excessives dans le gros intestin (haleine fétide, ballonnements, flatulences, pets puants, crottes malodorantes, diarrhée...) ;
- trop de « mauvaises graisses », difficiles à digérer et perturbant le milieu intestinal normal (crottes grasses) ;
- le gluten (céréales, croquettes, barres à mâcher...) dont on a déjà beaucoup parlé et qui titille l'intestin en sur-stimulant l'immunité digestive.

Tandis qu'avec une alimentation saine et naturelle, toute la digestion se déroule bien : bons aliments bien transformés, bonne fermentation, odeur normale (haleine, crottes), fréquence et consistance des matières fécales normales (une à deux fois par jour)…

Les questions suivantes développent en détail tous les problèmes digestifs découlant de ces déséquilibres.

113) Gastrite, inflammation digestive, MICI[1] : à quoi est-ce dû ?

L'origine des inflammations dans le système digestif vient de ce que l'animal avale, autrement dit les aliments, aussi bien les aliments industriels (croquettes ou pâtées) que ceux du régime BARF.

En fait, dès que l'aliment pose problème, cela se répercute dans le tube digestif, qui s'exprime car il n'est pas content : il s'enflamme. Il faut savoir que, quand il y a inflammation dans le tube digestif, la flore intestinale est d'office perturbée (et inversement d'ailleurs, aussi).

Ces inflammations peuvent avoir plusieurs localisations dans le tube digestif :

- **dans l'estomac** : gastrites à répétition (régurgitations) ;
- **dans le petit intestin** (= intestin grêle) : entérite, difficile à détecter car les symptômes sont moins évidents (pas trop envie de manger, rots, ballonnements, parfois vomissements…) ;
- **dans le gros intestin** : colite avec flatulences, ballonnements, pets, diarrhée. À noter que le gros intestin moule les crottes. Donc, s'il est perturbé, les crottes ne sont pas moulées (selles molles, liquides).

Les problèmes dans le petit intestin sont les plus sérieux car ils se répercutent aussi **sur le foie et le pancréas** (*via* le canal cholédoque et le canal de l'ouraque). En effet, l'inflammation de l'intestin

1. MICI : maladies inflammatoires chroniques intestinales.

grêle entraîne une perturbation de la flore à ce niveau : les mauvaises bactéries y prolifèrent et vont remonter dans les canaux du foie et du pancréas, pour aller « titiller » ces deux organes.

La conséquence est donc la possibilité d'une inflammation secondaire du foie et/ou du pancréas (hépatite et/ou pancréatite), *même si ces organes ne sont pas en contact direct avec les aliments !*

Quels types de lésions digestives sont provoquées par les aliments ?

Ici, il faut garder à l'esprit qu'il y a une gradation dans les lésions, suivant la durée (mois ou années de nourriture industrielle) et la sensibilité de chaque animal. Retenez que les animaux sont touchés de plus en plus jeunes. Et plus ils sont jeunes, plus les lésions évoluent vite (en à peine quelques semaines !).

À cause des croquettes, c'est un tableau inflammatoire que l'on obtient (avec des tumeurs, à terme), tandis que les aliments crus du régime BARF donnent plutôt un tableau correspondant à des perturbations sérieuses de la flore intestinale (hyperfermentation avec ballonnements, flatulences à odeur forte et désagréable...). Mais, de toute façon, que ce soit l'une ou l'autre cause alimentaire, les deux tableaux se rejoignent au niveau des processus de détérioration de l'équilibre intestinal, avec quatre stades d'aggravation que voici.

Les quatre grandes étapes

L'inflammation ponctuelle

D'abord, un aliment inadéquat – industriel ou BARF – irrite le tube digestif, pour diverses raisons : aliment cru, pas reconnu, mal transformé, pas transporté, toxique... (voir les diverses localisations ci-avant page 249). Cela provoque une inflammation ponctuelle, vite estompée dès que l'aliment disparaît : soit ce dernier est vomi, soit il est quand même absorbé, soit il est expulsé par la diarrhée.

L'inflammation chronique

Si l'animal mange *tous les jours* des aliments inadéquats (industriels ou régime cru), son tube digestif sera irrité *tous les jours*. Ainsi, l'inflammation d'un jour se transforme en inflammation chronique (répétitive, quotidienne). On parle aussi d'inflammations « de bas grade » car ce sont des petites inflammations récurrentes, passant inaperçues mais bien réelles. Les trois symptômes les plus fréquents à ce stade sont la gastrite répétitive (régurgitations fréquentes), les hyperfermentations (ballonnements, pets puants…) et la diarrhée fréquente (ou même juste des « cacas mous » réguliers).

L'hypersensibilisation et le stade MICI

Comme le tube digestif reçoit toujours les mêmes aliments mal tolérés depuis longtemps (des croquettes depuis des mois, des années), il « se hérisse » dès que cet aliment arrive : **l'organisme s'hypersensibilise**. Autrement dit, son immunité est sur le « qui-vive » perpétuel. On constate aussi l'hyperperméabilité de l'intestin : beaucoup de choses passent, mais pas les bonnes, et pas par les bons chemins !

La conséquence est très néfaste pour le tube digestif : le moindre aliment microscopique problématique (une poussière de gluten, une micro-dose de colorant, une trace d'additif…) va déclencher une réaction monstrueuse de l'organisme !

L'hypersensibilité provoque donc des réactions digestives disproportionnées par rapport à la cause. Ainsi, l'animal vomit facilement, il ballonne et flatule sans arrêt, la diarrhée est difficile à stopper… Ces symptômes sont ceux de ce qu'on appelle **les MICI, les maladies inflammatoires chroniques intestinales** (au pluriel, car plusieurs localisations sont possibles : gastrite, entérite, colite…).

On a parfois des moments de répit (pas de problèmes digestifs, ou moins marqués), mais ces bons moments diminuent puis disparaissent au fur et à mesure, surtout si l'animal continue à manger des croquettes, que le corps considère à ce stade comme un vrai poison et qu'il rejette violemment. Autrement dit, l'animal va être malade de plus en plus souvent, de plus en plus longuement et de plus en plus intensément.

À savoir

Certains pensent que les MICI sont des sortes de maladies auto-immunes, mais c'est faux. La réaction immunitaire se dirige contre les aliments ingérés, et PAS contre les cellules de l'organisme !

Notez que même si le stade MICI est déjà très avancé, on peut améliorer l'état de l'animal en passant IMMÉDIATEMENT à la nourriture saine, mais il ne faut plus perdre de temps pour rectifier la situation !

Progressivement, le tube digestif ne verra plus les aliments comme du poison, puisque les produits naturels sont reconnus et acceptés comme sains, puis correctement absorbés : son hypersensibilité se calme, les inflammations diminuent puis disparaissent. Bref, avec des aliments sains, la situation redevient normale (comptez quand même plusieurs semaines !). Mais il faut agir rapidement quand l'animal a une MICI, très vite, avant qu'il ne passe au stade suivant, le stade fatal.

Le stade terminal

Il peut prendre l'une des deux formes suivantes : soit l'arrêt total de la digestion, soit la tumeur digestive.

Quand l'organisme est tellement sensibilisé et enflammé qu'il déclenche une réaction de rejet à tout et n'importe quoi, *même à des aliments « normaux »*, on est malheureusement au stade terminal : dorénavant, le tube digestif n'absorbera plus AUCUN aliment, même pas un aliment sain ! C'est donc **un arrêt total de la digestion.** L'animal mange mais il ne digère plus rien, plus jamais, car son intestin en est devenu définitivement incapable (perte de fonctionnalité).

Ce sont des animaux qui ont faim, qui mangent mais qui vomissent tout, qui ne gardent rien (parfois même pas l'eau bue !), qui partent en diarrhée s'ils arrivent quand même à avaler un repas... Je l'ai déjà vu et c'est un crève-cœur, car ces animaux veulent manger mais n'y arrivent plus. Ou, s'ils y arrivent, les aliments ne sont plus absorbés. Ils maigrissent de plus en plus jusqu'à devenir squelettiques, simplement parce que leur système digestif n'est *plus du tout* fonctionnel. En fait, ils meurent petit à petit de faim, au sens littéral du terme. Et il n'existe aucun traitement, car c'est trop tard.

Une autre issue fatale possible des MICI est la **tumeur digestive**. En effet, on sait maintenant que des inflammations à répétition favorisent l'apparition de tumeurs n'importe où dans le tractus digestif : tumeur de l'œsophage, de l'estomac, du côlon, lymphome intestinal, même tumeur des glandes salivaires, du foie ou du pancréas... Par exemple, la tumeur la plus fréquente chez le chat depuis dix ou quinze ans est le lymphome digestif : une tumeur diffuse et bien infiltrée, tout au long de l'intestin, chez des animaux ayant mangé des croquettes toute leur – courte – vie.

Souvent, l'animal tombe malade et meurt en moins de deux ou trois semaines, les propriétaires ne s'y attendant pas car, en fait, la tumeur est là depuis des semaines, parfois des mois, mais était invisible, grandissant insidieusement, avec peu de symptômes. De fait, ces tumeurs ont littéralement explosé ces dernières années, chez des animaux de plus en plus jeunes (dès 4 ou 5 ans), chez qui la tumeur évolue d'autant plus vite que l'animal est jeune. Ici non plus, il n'y a pas de traitement.

Le parallèle avec l'alimentation industrielle est évident : plus les animaux mangent de croquettes, plus ce type de tumeur est fréquent et, avec les explications précédentes des processus de développement de la maladie, il y a bien un lien de cause à effet. La seule solution est de revenir au plus vite à une alimentation naturelle pour diminuer les inflammations.

Schéma récapitulatif du développement des MICI en quatre stades, jusqu'à l'issue fatale

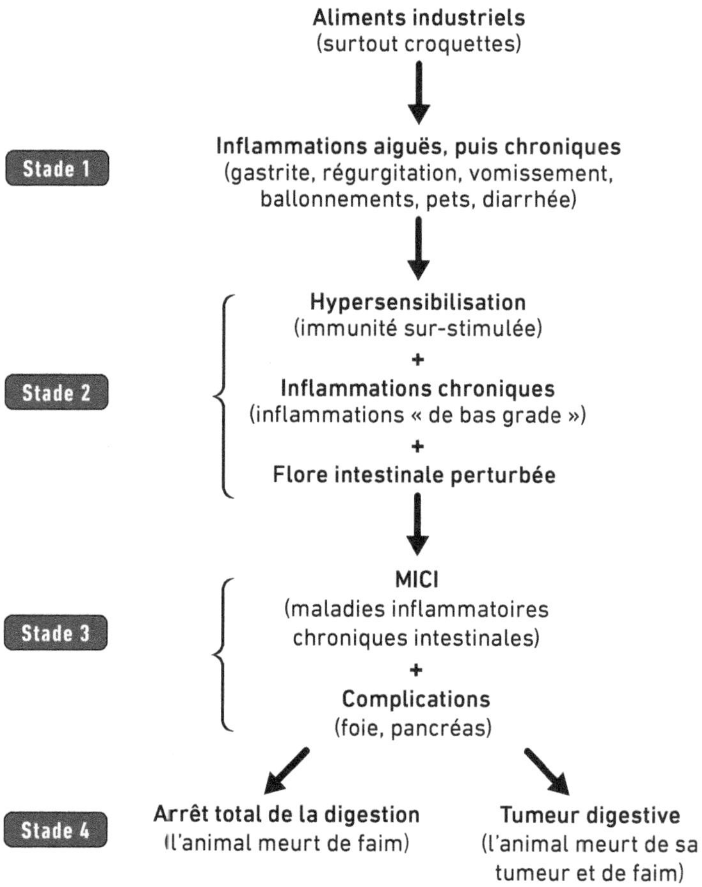

114) Les problèmes de foie

Le moins que l'on puisse dire, c'est qu'avec la nourriture industrielle, et surtout les croquettes, un des organes qui souffre le plus (en dehors des intestins), c'est bien le foie ! Le pauvre est à la croisée de tous les chemins toxiques dus à l'alimentation ultra-transformée et desséchée.

À cause de ses très nombreuses fonctions essentielles, le foie doit essayer de compenser tout ce que la « malbouffe » apporte de néfaste à l'animal, ce qui l'épuise : l'organisme vieillit vite et mal.

Je fais ici un résumé des plus grandes conséquences délétères sur cet organe si vital.

D'abord, il peut souffrir de sa position par rapport au système digestif : son canal s'abouche directement sur l'intestin grêle, juste après l'estomac. Si une mauvaise alimentation entraîne de mauvaises fermentations (voir les deux questions précédentes), c'est parce que les mauvaises bactéries se multiplient dans le tube digestif.

Or, elles ont tendance à remonter de l'intestin grêle jusqu'au foie par le canal du foie (canal cholédoque), et même jusqu'au pancréas (*via* le canal de l'ouraque), entraînant des hépatites et/ou des pancréatites légères, fréquentes, difficiles à identifier car passant souvent inaperçues, mais néfastes à terme pour l'organisme (développement de futures tumeurs).

Ensuite, comme le foie trie tout ce qui entre par la digestion, il est confronté à un paquet de nutriments incongrus dont il ne sait pas quoi faire :

- des molécules de qualité médiocre (« mauvaises graisses »), difficilement ou peu utilisables et qu'il faut éliminer au maximum (ce qui le surcharge) ;
- des protéines d'origine... bizarre (insectes, sous-produits...), dont beaucoup sont inutilisables ; il a même du mal à s'en débarrasser puisque l'animal n'est pas censé les ingérer ;
- des substances non nutritives (on les appelle des « xénobiotiques ») comme les additifs, dont l'usage lui est inconnu.

D'autre part, il doit aussi stocker certaines molécules comme le glycogène (réserve de sucres), mais comme la nourriture industrielle apporte beaucoup trop de glucides (et de graisses), il en accumule bien trop, à l'origine d'une surcharge graisseuse puis d'inflammations (lipidose hépatique, stéatose, hépatite...).

Habituellement, le foie sécrète aussi des substances indispensables à l'organisme (plaquettes…), mais comme il travaille déjà trop et qu'il est anormalement surchargé, il ne peut plus le faire correctement, entraînant de graves perturbations (difficultés de cicatrisation de la peau, problèmes de coagulation, inflammation des petits vaisseaux sanguins…).

Enfin, le foie doit aussi trier les déchets du sang (filtration sanguine). Mais, avec des nutriments de mauvaise qualité (protéines végétales…), les cellules font plus de déchets que prévu (oxydations plus nombreuses, stress oxydatif, etc.), déchets et toxines que le foie devra d'autant plus transformer pour qu'ils puissent être éliminés. Et, donc, il y a encore plus de boulot pour le foie, lui qui en a déjà par-dessus les oreilles…

Vous comprenez maintenant pourquoi l'alimentation industrielle fatigue particulièrement le foie par divers mécanismes, épuisant ainsi l'ensemble de l'organisme qui vieillit mal et beaucoup plus vite que prévu.

115) Les problèmes de pancréas

On peut dire que trois grandes sortes de problèmes « pendent au nez » du pancréas chez l'animal mangeant de la nourriture industrielle, et particulièrement des croquettes.

Épuisement du pancréas exocrine

Le pancréas travaille beaucoup trop fréquemment à cause du grignotage perpétuel lié à la consommation de croquettes (nourriture à volonté). On a déjà vu que cela stimule, chaque fois, tout le système digestif, qui se prépare à avaler un plat complet – même si en fait, l'animal ne gobe que deux ou trois croquettes (voir question 76).

Au lieu de travailler deux ou trois fois par jour, le système digestif travaille en fait jusqu'à dix fois plus que normalement, chaque jour.

À cause de cette suractivité, après des mois et des années à ce rythme, le pancréas finit par faire un «*burn-out*» ! Cela peut s'exprimer de différentes manières (pancréatite chronique, insuffisance ou tumeur), mais de toute façon, quand le pancréas en arrive à ce stade-là, c'est que cela dure depuis un bout de temps et c'est toujours très grave, pour ne pas dire «terminal».

On peut traiter l'insuffisance pancréatique en donnant chaque jour les enzymes que l'organe n'arrive plus à synthétiser (compensation), mais ce n'est pas la panacée. Et s'il y a tumeur, on ne peut rien faire.

Un repas matin et soir (ou matin, midi et soir), sans grignotage, et votre animal ne connaîtra jamais – ou quasiment jamais – cette conclusion funeste.

Épuisement du pancréas endocrine

Les croquettes sont beaucoup trop riches en glucides ; c'est normal car cela ne coûte rien et constitue le plus gros de la croquette, mais les carnivores en ont très peu besoin, puisqu'ils ont surtout besoin de protéines et de matières grasses d'origine animale. Or, plus un animal avale de glucides, plus il a besoin de fabriquer de l'insuline par le biais du pancréas, afin de réguler son taux de sucre dans le sang (glycémie).

Pour le pancréas d'un carnivore, qui n'est pas censé fabriquer autant d'insuline durant sa vie, cet organe finit ainsi par être fatigué : c'est aussi une sorte de «*burn-out*». Après quelques années, soit il y a insuffisance pancréatique (plus assez d'insuline sécrétée), soit une résistance des récepteurs à insuline apparaît, mais le résultat est le même : l'animal développe un diabète car sa glycémie n'est plus du tout contrôlée.

Les perturbateurs hormonaux touchent aussi le pancréas

Dans ce cas, c'est une attaque directe des molécules qui vont, comme leur nom l'indique, perturber les hormones. Ces perturbateurs hormonaux, plus connus sous le nom de « perturbateurs endocriniens », se retrouvent, entre autres, parmi les innombrables additifs de la nourriture industrielle.

Ils peuvent aller troubler l'un des nombreux organes synthétisant des hormones dans le corps : certains animaux auront leur thyroïde perturbée (hyper ou hypothyroïdie) ; chez d'autres, ce seront les glandes surrénales (maladie de Cushing) ou les glandes sexuelles (tumeurs ovariennes, tumeurs des testicules) ; chez d'autres encore, ce sera le pancréas...

De toute façon, toute perturbation sévère d'un organe fabriquant des molécules aussi importantes que des hormones, par des additifs alimentaires avalés chaque jour, a des conséquences très négatives sur la qualité et la durée de vie de l'animal.

Ces diverses raisons expliquent bien le parallèle qui peut être fait entre la consommation toujours exponentielle de croquettes et l'explosion des maladies pancréatiques sévères chez nos chiens et nos chats ces dernières années : insuffisances, inflammations, tumeurs...

116) Les problèmes de glandes anales : quel lien avec la nourriture ?

Les glandes anales sont deux petites glandes situées à gauche et à droite de l'anus. Elles sécrètent tout le temps du liquide, qui englobe les matières fécales chaque fois que l'animal fait sa crotte. Ce liquide étant typique de chaque individu, cela permet d'identifier la crotte émise comme appartenant à tel ou tel animal, comme une signature personnalisée. Une sorte de « carte d'identité », en somme. C'est d'ailleurs cela que les autres animaux sentent quand ils vont flairer les crottes dans la rue, ou quand ils se reniflent le derrière entre eux.

Ces glandes sécrètent du liquide sans arrêt. Quand l'animal mange bien, donc de la nourriture humide, ce liquide est assez fluide pour que les sécrétions s'écoulent normalement, à chaque crotte émise. Mais si l'animal mange sec, son organisme est toujours en sous-hydratation (voir autres questions expliquant cela, comme la question 1) et cherche à faire des économies d'eau, le plus possible, notamment en produisant des sécrétions plus sèches ! Les glandes anales sont aussi soumises à cette « radinerie aqueuse » : les sécrétions étant plus sèches, les canaux d'évacuation vont plus facilement se boucher (comme une eau boueuse bouche plus un tuyau qu'une eau claire).

Mais, même si les « tuyaux d'évacuation » des glandes se bouchent, les glandes continuent de fabriquer leurs sécrétions, moins fluides que la normale. Résultat : les glandes gonflent mais ne savent plus faire sortir leur production. Cela gêne l'animal qui frotte son derrière par terre pour essayer – sans succès – de déboucher ses glandes. Il faut donc mécaniquement les vider (en appuyant dessus ou en demandant au vétérinaire ou au toiletteur de le faire, si vous n'y arrivez pas).

Tant qu'on donne des croquettes (aliments secs), les sécrétions sont plus épaisses ; elles s'accumulent de plus en plus et les risques sont progressifs : d'abord, des glandes souvent bouchées, puis l'apparition d'abcès des glandes anales, puis de tumeurs.

Quand ils mangent des plats maison, donc des produits frais et de la cuisine humide, les sécrétions des animaux restent toujours fluides. Les canaux ne se bouchent pas, les glandes sont régulièrement et naturellement vidées, et l'animal ne risque ni un bouchage, ni un abcès, ni une tumeur des glandes anales.

117) Problèmes cardiaques et croquettes : y a-t-il un lien ?

L'alimentation industrielle est directement responsable des très nombreux problèmes cardiaques de nos animaux de compagnie, aussi bien pour les chiens que pour les chats. Il y a donc bien un lien, et même plusieurs liens !

On peut relever six anomalies principales touchant le cœur, les vaisseaux sanguins, le sang et les systèmes annexes, qui mènent à des conséquences désastreuses pour la santé cardio-vasculaire de nos compagnons. Des causes complémentaires peuvent aussi aggraver la situation. À noter que ces problèmes apparaissent, eux aussi, de plus en plus tôt.

Les six anomalies principales dues aux croquettes

Le muscle cardiaque est moins « costaud »

Comme il n'y a pas assez de bonnes protéines animales dans les croquettes, indispensables pour faire « du bon muscle », le myocarde (= muscle cardiaque) n'est pas assez costaud pour assurer des battements efficaces. Les croquettes sont donc responsables d'un muscle cardiaque plus faible, de mauvaise qualité, qui manque de tonicité et fatigue plus vite : il travaille trop et mal (compensation), il grossit (cardiomégalie) puis il se dilate (décompensation).

Les vaisseaux sanguins sont plus faibles, moins toniques

À cause du manque de fibres d'origine animale (car pas assez de viande, de collagène, etc., dans les aliments industriels), les parois vasculaires sont de mauvaise qualité, peu élastiques, peu solides et peu résistantes. Cela conduit à ce que les vaisseaux sanguins soient peu toniques, très fragiles, ayant tendance à laisser sortir le liquide (œdème pulmonaire, hémorragie...). On le détecte grâce à la pulsation prise sur l'artère fémorale : le pouls est faible et filant (au lieu d'être tonique et bien marqué).

Le sang est moins liquide

On l'a vu précédemment : les aliments secs comme les croquettes maintiennent l'animal dans un état de sous-hydratation constant.

Même s'il boit beaucoup, l'animal sera toujours en manque d'eau (voir questions 60 et 111). Concrètement, l'un des effets est que le sang est un peu trop épais, moins liquide (je l'appelle le « sang-confiture »), à l'origine d'une circulation dans les vaisseaux plus lente. Par conséquent, le cœur se fatigue beaucoup car il doit battre plus fort pour faire circuler ce sang plus visqueux dans les tout petits vaisseaux (les capillaires). De plus, la pression artérielle est plus élevée, car il est plus difficile de pousser du sang épais dans les vaisseaux que du sang bien fluide.

Le sang est moins riche en globules rouges

Par manque de fer d'origine animale (car absence de viande rouge dans les croquettes), il n'y a pas assez de globules rouges fabriqués. Cela mène à l'anémie légère mais constante : les muqueuses sont plus pâles, les tissus moins bien oxygénés. Cette diminution d'oxygénation a plusieurs conséquences : l'animal est plus vite fatigué, il a moins d'énergie et, surtout, son rythme cardiaque est augmenté, car le cœur bat plus vite pour compenser cette baisse de globules rouges et tenter de corriger le manque d'oxygénation des cellules.

Les poumons sont moins élastiques

Parce que les croquettes manquent de bons minéraux et de fibres élastiques animales (manque de viande, de légumes...), le tissu pulmonaire est de moins bonne qualité, ses fibres sont peu élastiques. Or, les poumons doivent avoir la capacité de s'ouvrir et de se fermer facilement au gré des besoins, pour les inspirations et les expirations.

Donc, non seulement, les poumons sont moins élastiques, mais de plus, la muqueuse respiratoire est plus sensible et a tendance à rapidement s'enflammer, ce qui limite les capacités respiratoires au moindre stimulus (manque de bonnes matières grasses = plus d'inflammations). Avec une respiration amoindrie, c'est un sang moins bien oxygéné et, donc, un cœur qui doit battre plus vite pour pallier le manque d'oxygène.

Le système nerveux est moins performant, moins réactif

Toujours à cause du manque de minéraux et aussi de matières grasses animales de qualité, le système nerveux est moins performant, avec des transmissions nerveuses moins efficaces (myéline moins bonne…). Or, un signal nerveux un peu « lent », c'est une régulation et un contrôle du rythme cardiaque moins efficaces. Pratiquement, l'animal s'adapte moins bien à son environnement (stress, chaleur, exercices, stimulations externes…). Il réagit moins vite, il semble comme « plus lent » et plus fatigué.

Les autres facteurs

Ces six anomalies sont déjà bien suffisantes pour expliquer la mauvaise santé cardio-vasculaire de nos compagnons, même jeunes.

Mais d'autres facteurs, également liés aux aliments industriels – et surtout aux croquettes – aggravent ce tableau déjà bien noir :

- l'excès de sel, mauvais pour le système cardio-vasculaire ;
- l'excès de sucres et de mauvais gras favorisant le surpoids (néfaste pour le cœur) ;
- les additifs perturbant le système hormonal (dont le cortisol interne, jouant négativement sur le rythme cardiaque *via* le système nerveux sympathique).

Tout cela explique que le cœur de nos chiens et de nos chats souffre beaucoup, beaucoup trop, simplement à cause des croquettes. Et quand le « moteur » ne va pas bien, on ne fait pas de vieux os…

118) D'où viennent les calculs urinaires ?

Cette maladie, très fréquente, est aussi appelée **lithiase urinaire** (signifiant « pierres dans les urines »). Il s'agit de la présence anormale de calculs dans le tractus urinaire : vessie, reins, conduits urinaires. Si ces calculs sont extrêmement petits, ils ressemblent à des grains de sable :

c'est le stade débutant de la **sablose**. Mais, avec le temps, ces grains de sable vont s'agréger puis se compacter pour former de petits cailloux, ensuite de plus gros, **à l'origine des cristaux puis des calculs urinaires.**

Ces « cailloux » blessent la muqueuse, donnant d'abord une cystite, passant parfois inaperçue. Avec le temps, la situation s'aggrave, surtout chez les mâles castrés (chiens ou chats) : difficultés à uriner, sang dans les urines, jusqu'à une impossibilité totale de faire pipi, et c'est le blocage urinaire ! Ce stade est une urgence vitale car, en moins de 24 heures sans uriner, l'animal peut mourir (chat ou chien « bouché »).

Il est très dommage d'en arriver là car c'est une maladie *uniquement* due à l'alimentation ! En effet, il faut seulement trois facteurs pour provoquer ces calculs – donc, ce risque de blocage urinaire –, directement liés au type de nourriture :

Une urine pas assez acide

Normalement, l'urine des carnivores est acide (aux alentours de 6,5). Si l'alimentation est saine et carnée (protéines animales), le pH de l'urine est bon et il n'y a pas de calcul. En revanche, avec les croquettes, le pH n'est pas assez acide et, donc, l'urine est trop alcaline, ce qui favorise l'apparition de calculs (de type alcalin, comme les struvites).

Trop de minéraux, et toujours les mêmes

Si l'aliment tout prêt contient, par exemple, trop de magnésium et que l'animal en mange tous les jours, son urine est trop chargée en magnésium qui finit par s'agglomérer en calculs de magnésium (struvites). Suivant le minéral en excès, on a des calculs à base de magnésium, de phosphate, de carbonate... Cette concentration minérale trop élevée est entretenue par le fait de manger toujours le même aliment chargé en minéraux, toute l'année.

En effet, l'exclusivité alimentaire n'est pas normale : on ne peut pas manger un plat unique tous les jours de l'année car, même si la nourriture est de qualité, ce n'est pas bon pour la santé (contrairement à ce que racontent les industriels). Et cela a des conséquences urinaires graves si cette nourriture est trop riche en minéraux, comme les croquettes.

Une urine trop concentrée à cause de l'alimentation sèche

Les croquettes favorisent une urine très concentrée, car même si l'animal boit beaucoup pour essayer de compenser, ce ne sera jamais suffisant pour couvrir tous ses besoins en eau. Il sera toujours carencé en liquide donc sous-hydraté, en déficit hydrique constant (voir question 111).

Avec des croquettes, l'organisme doit économiser l'eau au maximum, notamment en concentrant très fort ses urines pour limiter les pertes. Or, une urine très concentrée, très jaune, favorise l'agglomération des minéraux et donc la formation de calculs. Et c'est pire chez le chat, puisque c'est un très petit buveur : son urine est encore plus concentrée, donc les calculs sont encore plus fréquents chez lui.

La solution est simple : il n'y a pas de calculs urinaires avec une alimentation naturelle, humide et variée car l'acidité est normale, la charge minérale modérée et variée, et les repas apportent suffisamment de liquide (pas besoin d'économiser l'eau, donc l'urine n'est pas trop concentrée).

119) Cystite fréquente : due à quoi ?

La cystite est une inflammation de la muqueuse de la vessie. Il y a plusieurs raisons possibles à cela, dont trois principales :

La présence de calculs urinaires

Ils sont fins comme du sable, ou plus gros, comme du gravier ! Mais leur présence dans la vessie est anormale et irrite la muqueuse, provoquant la cystite. Or, on vient de le voir dans la question précédente : leur présence est directement liée aux croquettes.

La cause psychogène (stress)

Cela touche surtout les femelles (chiennes ou chattes), qui semblent plus sensibles au stress – même un stress interne, non visible, comme un état anxieux. Cela favorise la perturbation de la flore bactérienne naturelle se trouvant dans la vessie (eh oui, là aussi, il y a de bonnes bactéries). On pense que c'est directement lié au pH : sous l'effet du stress, le pH se modifie un peu, suffisamment pour perturber les bactéries de la vessie, et d'autres bactéries – les moins bonnes – en profitent pour s'y multiplier.

Avec une alimentation saine, les femelles ont beaucoup moins de cystites que celles qui mangent des croquettes car leur pH est déjà plus normal et mieux contrôlé, ainsi que leur état de stress, moins important (pas d'anxiété interne ; voir le profil des « animaux-croquettes », question 16). On peut aussi donner des plantes pour calmer l'animal, pour régulariser le pH, et la situation revient alors à la normale (pas besoin d'antibiotiques).

La cause intestinale

En dehors du stress et des calculs urinaires, il existe aussi une origine alimentaire, avec un mécanisme plus indirect. Avec les croquettes, on a vu précédemment que la flore intestinale était loin d'être parfaite (voir question 112). Or, cette flore est en quelque sorte le « point de départ » de toutes les autres flores de l'organisme : la flore buccale (bouche), la flore cutanée (peau) ainsi que la flore vésicale (vessie)... Si la flore intestinale n'est pas parfaite, les autres non plus, par « effet domino », dont celle de la vessie, débouchant alors sur des cystites récidivantes, sans vraiment de cause bien identifiable (pas d'infection, pas de calculs, pas de stress...).

C'est d'ailleurs ce mécanisme qui explique – contrairement à ce qui se passe chez les animaux nourris naturellement – que les animaux mangeant des croquettes ont beaucoup plus souvent des cystites « inexplicables » : on les appelle des cystites « idiopathiques » (= dont on ne connaît pas la cause). Mais maintenant, vous en connaissez l'origine.

120) Mon chien ou mon chat a des problèmes de thyroïde, pourquoi ?

En 2000, j'ai lu dans une revue vétérinaire consacrée à l'endocrinologie vétérinaire, la branche de la médecine animale traitant des hormones, un article qui nommait le suspect n° 1 dans les problèmes de thyroïde : la nourriture industrielle. En voici les points importants concernant les causes de l'hyperthyroïdie féline :

« Concernant les problèmes de thyroïde, parmi les facteurs nutritionnels, l'iode est un potentiel coupable : chez l'homme, l'excès ou la carence en iode favorise le développement de l'hyperthyroïdie. [...]

La plupart des aliments commerciaux pour chats contiennent jusqu'à dix fois la teneur recommandée en iode, ce qui pourrait constituer un facteur non négligeable dans la pathogénie [= l'apparition] de cette affection. [...]

Parmi les autres facteurs (responsables de problèmes de thyroïde), de nombreux éléments goîtrogéniques sont présents dans les aliments du commerce ou dans l'environnement direct des chats[1]*... »*

La nourriture industrielle contient donc des additifs favorisant le dérèglement de la glande thyroïde (hyper ou hypothyroïdie). Cela ne vous rappelle rien ? Les perturbateurs hormonaux (= les perturbateurs endocriniens)... Oui, encore et toujours eux ! D'autres substances sont

1. « L'hyperthyroïdie féline : 1. Étiopathogénie et actualités diagnostiques », *Le Point vétérinaire*, vol. 31, numéro spécial « Endocrinologie clinique des carnivores domestiques », 2000, p. 101-108.

aussi mises en cause, comme les litières et les produits anti-puces (insecticides), également soupçonnés d'être des perturbateurs d'hormones.

121) J'ai un chien très nerveux, atteint d'HS-HA : quels liens avec la nourriture ?

J'ai détaillé le profil des « animaux-croquettes » dans la question 16 et j'en fais ici un résumé, car l'un des aspects de ce profil explique bien le problème de l'HS-HA (hypersensibilité-hyperactivité).

Le profil de l'« animal-croquettes »

Ce profil du chien ou du chat qui ne mange que des croquettes est typique et détectable sur trois niveaux importants :

- son aspect extérieur (esthétique) ;
- sa facilité à avoir une maladie (santé) ;
- son caractère et son comportement (psychisme).

Son aspect extérieur

« L'animal-croquettes » est esthétiquement moche (et ce n'est pas un bain ou une séance chez le toiletteur qui y changera grand-chose !) : poils secs et rêches, peau rouge, coussinets gris et fissurés, boutons et croûtes diverses, ainsi qu'une fourrure terne, non brillante, des couleurs peu intenses (noir rougeâtre, blanc délavé, marron pâle, bleu-beige...).

Sa propension à développer un problème de santé

L'alimentation industrielle déséquilibre l'organisme, qui est anormalement fragilisé. Par conséquent, l'animal est plus souvent malade et développe plus de pathologies chroniques en vieillissant.

Son caractère et son comportement

Le « chien-croquettes » est particulièrement fatigant : il bouge sans cesse, il est exalté, il a du mal à se poser ou à s'arrêter, il dort peu et/ou mal, il est « usant » pour son entourage, même épuisant pour ses maîtres. Il semble toujours sur le qui-vive, anormalement animé et réactif à n'importe quel stimulus, parfois avec une tendance à la nervosité voire à l'agressivité.

Malheureusement, on les diagnostique à tort comme « HS-HA », c'est-à-dire « hypersensible-hyperactif ». C'est une erreur car ce n'est pas une vraie maladie, mais plutôt un déséquilibre psychique qui se développe au fil des mois à cause des diverses carences et perturbations métaboliques dues à la nourriture industrielle, et surtout aux croquettes (avec les aliments humides du commerce, ces symptômes sont beaucoup moins prononcés).

Les causes

Diverses causes s'additionnent :

- manque de « bon gras » indispensable pour l'organisme, notamment pour assurer le bon fonctionnement du système nerveux (gaines de myéline, substance blanche…) ;
- manque de protéines animales pour produire de bons neurotransmetteurs (exemple : le tryptophane pour synthétiser la sérotonine) ;
- de très nombreuses carences mettant à mal l'équilibre métabolique de l'organisme (manque de fer, de vitamines, de bons minéraux…) ;
- les intestins qui travaillent mal sont enflammés, entraînant des perturbations de la flore et des carences secondaires en vitamines indispensables au système nerveux (vitamines B1, B2, B6, B12) ;

- l'acidité normale interne des carnivores est non respectée, empêchant les réactions métaboliques de se produire dans les meilleures conditions ;
- le stress interne découlant de ces très nombreux déséquilibres, carences... ;
- des problèmes d'allergie au gluten qui peuvent aggraver le tableau (inflammation du système nerveux) ;
- et les perturbateurs hormonaux, qui perturbent tout...

De l'HS-HA à l'épilepsie

Le dérèglement nerveux interne est tellement grave chez certains individus que ceux-ci en développent des crises épileptiformes et qu'ils sont – à tort – diagnostiqués comme épileptiques. On passe donc d'un (faux) tableau HS-HA à un (faux) tableau épileptique ! Je dis « faux » car, dès qu'on rectifie l'alimentation, les symptômes disparaissent. Or, si cela n'avait aucun lien avec la nourriture, le changement d'alimentation ne donnerait pas d'aussi bons résultats. Pour en savoir plus à ce sujet, rendez-vous à la question 123.

122) À quoi sont dus les syndromes du chat « caressé-mordeur » et du tigre ?

On a sensiblement le même tableau de comportement anormal chez le « chat-croquettes » que chez le « chien-croquettes » : il joue beaucoup, parfois frénétiquement, se toilette énormément (souvent trop, jusqu'à se dépoiler), se gratte à tout va, son sommeil est agité, il ne refrène pas ses coups de griffes ou ses morsures sur vos doigts, il a parfois des peurs un peu irrationnelles, il est plus anxieux que normal, il réagit trop fort à n'importe quel petit bruit...

Pour ce type de chat, on a inventé deux syndromes prétendument « inexpliqués » :

- **le syndrome du chat « caressé-mordeur »** : d'abord il se laisse toucher, puis il vous mord violemment la main après deux ou trois caresses ;
- **le syndrome du tigre** : c'est le chat qui vous fonce dans les mollets pour vous mordre, ou qui pique des crises violentes en sautant sur tout ce qui bouge, en se pendant aux tentures, les yeux parfois exorbités. Certaines crises peuvent être effrayantes chez les chats les plus atteints.

Que se passe-t-il, en fait ? Comme précédemment pour le chien, les nombreuses carences dues à la malbouffe expliquent ce stress interne extrême, à l'origine des comportements irrationnels de certains félins, d'autant plus chez ceux qui sont déjà, à la base, des individus anxieux. À cause de la nourriture industrielle, leur angoisse est exacerbée, débouchant sur ce type d'hypersensibilité à l'environnement et aux divers stimuli, ainsi que sur cette sorte d'hyperactivité se traduisant par des comportements incontrôlés.

Comme pour le chien, les chats atteints de ce mal manquent de bonnes matières grasses apaisantes et anti-inflammatoires, à l'origine aussi des hormones déstressantes, d'acides aminés dont certains sont indispensables à la synthèse de neurotransmetteurs calmants...

Un déséquilibre de la flore intestinale explique aussi cette « super-angoisse » du chat, car on sait maintenant que l'intestin est le « deuxième cerveau » : si son intestin est déréglé, ce dernier envoie des messages d'alerte à son premier cerveau (dans le crâne). En outre, les déséquilibres intestinaux perturbent la flore bactérienne locale, entraînant des carences en vitamines B (B1, B2, B6, B12) dont les diminutions sont à l'origine de troubles nerveux. Sans oublier ces satanés perturbateurs hormonaux, qui perturbent tout l'organisme.

Ici aussi, comme pour le chien, pas de traitement avec des médicaments ! La solution radicale est un retour à la cuisine maison, avec beaucoup de fromage et d'autres dérivés laitiers, riches en matières grasses calmantes ainsi qu'en tryptophane, le précurseur de la sérotonine, l'hormone qui calme et dont le chat, cet éternel angoissé, est particulièrement nécessiteux. Car bien manger est aussi un plaisir qui contribue à la sérénité... Si ça ne tourne pas rond dans le ventre, ça ne tourne pas rond dans le cerveau !

123) *L'épilepsie a-t-elle un rapport avec l'alimentation ?*

Si l'épilepsie « vraie » est d'origine génétique (due aux gènes), l'animal déclenche de véritables crises d'épilepsie dès les premiers mois de sa vie. Mais cette épilepsie est en fait assez rare ! On la retrouve surtout en cas de consanguinité chez des races à succès très reproduites mais avec des individus apparentés et, donc, peu de brassage génétique.

Le cas le plus fréquent est celui de l'animal adulte de 4 ou 5 ans qui fait un jour une crise ressemblant à de l'épilepsie, puis deux, puis trois... Je dis « ressemblant » car c'est en fait de la fausse épilepsie, de l'épilepsie acquise. Les crises ressemblent fort à la maladie, mais comme ce n'est pas vraiment dû à cette cause génétique, on les appelle plutôt des **crises épileptiformes** (qui ont la forme de l'épilepsie mais qui n'en sont pas vraiment).

D'où viennent-elles ? L'animal est tellement « à fleur de peau », son niveau de sensibilité est si exacerbé que certains stimuli vont déclencher les crises. Cette hypersensibilité a déjà été expliquée juste avant (questions 121 et 122) : elle est due à la malbouffe ! Sauf qu'ici, le niveau d'hypersensibilité est si extrême que le cerveau « disjoncte » : l'animal va jusqu'à perdre conscience. C'est une sorte de court-circuit nerveux : « tout pète », comme des plombs qui sautent.

Cette différence entre « vraies crises » et « fausses crises » est importante à faire car, si les premières sont génétiques, pour les secondes, à savoir les crises épileptiformes, la cause est alimentaire, et on peut rectifier le problème sans médicament.

D'ailleurs, le plus souvent, les animaux traités répondent mal à leurs médicaments et ont quand même des crises, obligeant à augmenter les doses puis le nombre de substances à ingérer (addition de médicaments), sans résultats probants. Donc, à part intoxiquer encore plus l'animal, on ne l'aide pas à résoudre son problème. Au contraire !

Comme pour les questions précédentes (121 et 122), la seule solution est le retour à l'alimentation maison, qui améliore grandement l'état de santé et l'équilibre psychique de votre compagnon, afin de diminuer, atténuer, espacer ou même faire disparaître progressivement les crises.

124) Pourquoi mon animal vieillit-il « plus vite » que prévu ?

La Nature a prévu que les animaux fonctionnent et « s'auto-réparent » avec juste deux choses (juste deux, mais indispensables !) : du bon air à respirer (oxygénation du sang) et de bons aliments + l'eau à ingérer chaque jour. Si l'un des deux n'est pas de qualité, la « machine » ne fonctionne pas, ou pas bien. Comme pour une voiture que l'on remplit avec du mauvais carburant, de la mauvaise huile, que l'on ne vidange pas, que l'on ne nettoie pas, bref, qu'on néglige… tout va partir à vau-l'eau ! C'est exactement pareil avec un organisme : il faut bien le nourrir et bien l'entretenir. Mais avec les aliments du commerce, on a tout faux. Malheureusement, la facilité des croquettes n'est pas synonyme de bonne santé pour l'animal !

En effet, avec la nourriture industrielle et ses très nombreux défauts, beaucoup de fonctions se déroulent de travers : les cellules s'auto-réparent mal (mauvais nutriments = mauvais matériaux), les réactions métaboliques sont moins efficaces (problème de pH, de sous-hydratation permanente), les organes travaillent moins bien ou, au contraire, doivent travailler beaucoup trop (reins qui doivent économiser l'eau, cœur qui bat plus vite pour compenser l'anémie par manque de fer, système digestif sur-sollicité à cause du grignotage...).

Des systèmes de compensation s'installent, des « voies de secours » doivent se mettre en place, mais ce n'est pas toujours suffisant pour tout rééquilibrer : oxydations trop importantes, tissus moins fonctionnels, vieillissement précoce des cellules, organes tumorisés... Non seulement l'organisme subit plus de dégâts, mais les matériaux pour se réparer sont de moins bonne qualité.

Bref, tout fonctionne moins bien, se répare mal, et la machine finit par se détraquer. Résultat : l'animal a une santé déficiente, ce qui est épuisant pour le corps et l'use plus vite. Vous pouvez le constater : votre animal vieillit plus vite, il a moins de « peps », sa fourrure est plus terne (rappel : le pelage est le reflet de la santé), il attrape des maladies de « vieux » bien avant l'âge, il est souvent malade (des petits bobos, mais souvent), il développe une maladie chronique...

De plus, les organes qui nettoient normalement l'organisme sont eux-mêmes en souffrance : foie surchargé puis fatigué, reins travaillant trop puis devenant insuffisants (car nourriture déshydratée), tube digestif avec un mauvais pH et une mauvaise flore, donc constamment perturbé, faisant des crottes trop nombreuses, trop liquides (diarrhée) ou trop sèches (constipation)...

On en arrive à la situation finale bien avant l'heure : la mortalité précoce des animaux adultes, n'ayant même pas eu le temps de devenir vieux ! On le voit même sur le « visage » de l'animal ou à son comportement : un chien de 8 ans en paraissant 14, ou un chat de 9 ans en faisant 15.

Malheureusement, ce phénomène est en pleine expansion ces dernières années. Demandez autour de vous : le chien du voisin qui est mort du pancréas à 8 ans, le chat de votre tante qui a développé une tumeur à 7 ans, ou le gros chien de votre ami qui est mort brutalement, à 5 ans à peine... Je suis sûre que vous en trouvez facilement trois ou quatre (ou même plus) dans votre entourage.

Alors, arrêtez de prendre cela pour de la fatalité et posez-vous la question : que mangeaient-ils ? Des croquettes ? Tiens donc... comme par hasard... Maintenant, vous savez comment réagir. Et vous ne pourrez pas dire que vous ne le saviez pas ! Lire aussi la question consacrée aux problèmes de foie, intervenant aussi dans le vieillissement précoce (question 114).

125) D'où viennent les diverses tumeurs chez les animaux ?

Si l'on savait exactement d'où viennent les tumeurs, on les aurait éradiquées depuis longtemps. Quoi qu'il en soit, on commence à connaître les grandes causes et les mécanismes sous-jacents de la plupart de ces pathologies, ainsi que les liens avec l'alimentation.

Avant tout, un grand principe de base est à retenir : toute maladie commence toujours par l'atteinte de quelques cellules, sur un seul organe ou un seul tissu. Puis, avec le temps, la cause étant toujours présente avec les mêmes conditions métaboliques, le problème, au départ assez ponctuel, se développe pour envahir tout l'organe, puis se généralise à tout l'organisme.

La tumeur commence donc toujours de manière microscopique, avec quelques cellules atteintes, malades ou détruites, sans montrer de symptômes visibles (stade 1), puis se propage de façon macroscopique (tout un tissu ou un organe atteint), avec développement de lésions, puis apparition des symptômes (stades 2), et enfin la généralisation à tout l'organisme, *via* les métastases (stade 3). Tout incendie commence par une petite étincelle.

Trois mécanismes à l'œuvre

Plusieurs mécanismes sont à l'origine des pathologies provoquant des perturbations et des destructions cellulaires, avec un basculement de l'état de santé vers l'état de maladie, mais j'en retiens surtout trois :

le déséquilibre métabolique, l'inflammation (aiguë puis chronique) et la pollution interne.

1. Une anormalité, des carences à répétition, des molécules peu utilisables et/ou tout autre désordre amènent un tissu, un organe ou même tout l'organisme à un déséquilibre (manque d'une chose ou excès d'une autre, néfaste...).
2. À force d'être déséquilibré, le tissu ou l'organe ne fonctionne plus très bien, entraînant après quelque temps – des semaines, des mois ou des années – des lésions, d'abord cellulaires, puis des dégâts tissulaires. Or, quand l'organisme subit des dégâts, il enclenche des réactions pour les réparer : c'est l'inflammation.
3. Tant que le déséquilibre perdure, les dégâts sont toujours là, ainsi que les inflammations, qui deviennent chroniques. Mais des inflammations à répétition finissent par détruire les cellules. C'est paradoxal car l'inflammation est censée être un processus de réparation, mais c'est comme si trop de réparations conduisaient à des destructions. On sait maintenant qu'à force de faire des inflammations chroniques, les tissus se tumorisent : le cancer apparaît, d'abord microscopique (quelques cellules), puis macroscopique (tout l'organe), puis étendu à tout l'organisme (généralisation par métastases).

Une pollution interne constante

En plus de ces mécanismes découlant des divers déséquilibres, le corps doit constamment se débarrasser de molécules polluantes dont il n'a pas besoin (additifs alimentaires, polluants environnementaux) ou de déchets naturellement produits (métabolisations, transformations, oxydations...). Cette pollution interne n'aide pas l'organisme à se maintenir au top. Elle est même augmentée quand les inflammations s'amplifient et que les tumeurs se développent : il y a encore plus de déchets à éliminer.

Certains aliments ne sont pas très bons (fabrication industrielle), contre lesquels le tube digestif réagit négativement. De fait, on parle aujourd'hui d'aliments inflammatoires. Avec les produits trop secs (croquettes), pas assez acides..., on peut aussi dire que ce sont des aliments déséquilibrants. Et, à cause de la présence non négligeable d'additifs, de molécules chimiques, les aliments du commerce sont aussi polluants. Sans oublier que leur puissance de pollution, et donc de toxicité, est amplifiée dans le temps à cause de leur accumulation (doses cumulées) ainsi que par leur « effet cocktail » (recombinaison des molécules entre elles, à l'origine de la création dans le corps de nouvelles substances néfastes).

Ce cercle vicieux « déséquilibre – inflammations chroniques – tumeur » est favorisé par les croquettes, car elles contribuent non seulement à diverses carences (amenant au déséquilibre initial), mais aussi à provoquer des inflammations (gluten, sous-produits, poudres d'insectes...) et à aggraver la pollution interne (additifs).

Comme l'alimentation industrielle réunit à elle seule les trois facteurs débouchant sur l'état de maladie, il est donc raisonnable de penser que les produits tout prêts contribuent, à grande échelle, à l'apparition des diverses tumeurs touchant très souvent nos animaux de compagnie, d'autant plus s'ils sont principalement – voire exclusivement – nourris avec les aliments du commerce.

Conclusion

J'espère que ce livre vous a ouvert les yeux.

Les industriels sont avides de profits rapides et devenus experts en manipulations alimentaires et chimiques, ils trompent leur monde. En dominant le *petfood* mondial, ils veulent maintenant s'immiscer dans le monde de la santé animale, eux qui y provoquent la plupart des dégâts ! On danse sur la tête. Et tout ça au détriment du bien-être et de l'espérance de vie de votre chien ou de votre chat.

Maintenant, c'est à vous d'agir. Je suis fatiguée, triste et parfois désespérée de voir des animaux mourir jeunes, des adultes en mauvais état, des vieux partir avant l'heure parce que, sans le savoir, leurs propriétaires les empoisonnent à petit feu.

Maintenant que vous avez lu ce livre et que vous connaissez tous les méfaits de la nourriture industrielle, vous ne pouvez plus décemment continuer à donner des croquettes à votre animal. Oui, les croquettes sont une solution de facilité, mais dites-vous qu'en continuant de lui en donner, vous allez le tuer à petit feu ! N'attendez pas que votre animal soit malade, car souvent il est déjà trop tard.

Si vous voulez garder votre compagnon longtemps et en bonne santé, vous devez le passer aux aliments frais, sains, préparés et cuisinés comme pour nous. Un animal, c'est un budget, mais mettez votre argent dans ses aliments plutôt que dans les médicaments. Je dis souvent : « *Considérez votre animal comme un enfant en plus dans la maison, et comptez sa ration en plus quand vous préparez le repas de la famille.* » Ce n'est ni cher, ni compliqué.

Et votre animal de compagnie le vaut infiniment.

Annexes et fiches pratiques

Exemples de semainier

Avec ces quelques exemples de semainiers, vous verrez que vous pourrez facilement préparer les repas de votre compagnon, et même les adapter à ses besoins spécifiques selon son âge et son état de santé.

Semainier pour un chat adulte

Jour de la semaine	Produits carnés (chaque jour)						Légumes min. 3 x/ semaine	Féculents min. 2 x/ semaine
	Viande rouge 1-2 x/ semaine	Viande blanche 2-3 x/ semaine	Poisson 1 x/ semaine	Dérivés laitiers min. 3 x/ semaine	Œufs 1 x tous les 15 jrs	Abats 1 x tous les 15 jrs	(*)	
Lundi		poulet					lentilles	
Mardi	mouton			+ beurre				purée
Mercredi		poulet		à la crème				
Jeudi		jambon					sauce tomate	coquillettes
Vendredi	steak haché			+ yaourt				
Samedi			sardines à l'huile	+ fromage				
Dimanche						foie	courgettes	

(*) pour lister les légumes et fruits de saison

Semainier pour un vieux chien

Jour de la semaine	Produits carnés (chaque jour)						Légumes min. 3 x/ semaine	Féculents min. 2 x/ semaine
	Viande rouge 2-3 x/ semaine	Viande blanche 2-3 x/ semaine	Poisson 1 x/ semaine	Dérivés laitiers min. 3 x/ semaine	Œufs 1 x tous les 15 jrs	Abats 1 x tous les 15 jrs	(*)	
Lundi		poulet		+ fromage			haricots verts	purée
Mardi	steak haché			+ yaourt			courgettes	
Mercredi		porc					lentilles	
Jeudi		poulet		à la crème				
Vendredi	steak			+ yaourt			carottes	
Samedi	mouton						petits pois	pommes de terre
Dimanche			sardines à l'huile	+ fromage				

Pour lui, ses repas seront riches pour assurer de bons apports en nutriments :

- on donne de la viande rouge 2 à 3 fois par semaine (pour stimuler la synthèse de globules rouges et économiser son cœur) ;
- les apports en dérivés laitiers sont également importants, car riches en protéines animales, en graisses animales, en bonnes bactéries, en calcium... ;
- on insiste sur les légumes, pour l'apport en minéraux afin d'entretenir la souplesse et l'élasticité des tissus ;
- les féculents sont au minimum car sédentaire, le chien se dépense moins et grossit plus vite s'il mange trop de sucres lents.

Semainier pour un chien obèse, à faire maigrir

Jour de la semaine	Produits carnés (chaque jour)						Légumes min. 3 x/ semaine	Féculents min. 2 x/ semaine
	Viande rouge 1 x/ semaine	Viande blanche min. 3 x/ semaine	Poisson 1 x/ semaine	Dérivés laitiers min. 3 x/ semaine	Œufs 1 x tous les 15 jrs	Abats 1 x tous les 15 jrs	(*)	
Lundi		poulet		+ yaourt			haricots verts	
Mardi	steak						courgettes	
Mercredi		blanc de dinde		+ yaourt				pommes de terre (un peu)
Jeudi		jambon		+ yaourt			courgettes	
Vendredi			poisson maigre	+ fromage (un peu)			navets	
Samedi		poulet					petits pois	
Dimanche		rôti de porc					haricots verts	

Pour lui :
- on évite les féculents car ils sont riches en sucres lents qui font grossir ;
- on augmente les légumes (bourratifs mais peu énergétiques) ;
- on favorise les viandes blanches, moins grasses ;
- on préfère les yaourts et les petites portions de fromage (à la place de la crème ou du beurre).

NB : *pour les proportions, on les adaptera suivant le tableau de la question 96 (40 % + 40 % + 20 %).*

Semainier pour un chien anémié

Jour de la semaine	Produits carnés (chaque jour)						Légumes min. 3 x/ semaine	Féculents min. 2 x/ semaine
	Viande rouge 2-3 x/ semaine	Viande blanche 1 x/ semaine	Poisson 1 x/ semaine	Dérivés laitiers min. 3 x/ semaine	Œufs 1 x tous les 15 jrs	Abats 1 x tous les 15 jrs	(*)	
Lundi				+ fromage		boudin noir		purée
Mardi	steak			+ yaourt			petits pois	
Mercredi						foie		pommes de terre
Jeudi	mouton			+ fromage			haricots verts	
Vendredi			sardines					purée
Samedi	steak haché			crème				riz
Dimanche		rôti de porc		+ fromage			lentilles	

Pour lui :
- on favorise l'apport de fer animal *via* la viande rouge, les abats et le boudin noir (sans oignon) ;
- on donne aussi des féculents, pour un apport en énergie (car un anémique est faible et manque d'énergie) ;
- pour la même raison, on insiste sur les fromages.

Normalement, très vite – après 1 ou 2 semaines – ses muqueuses redeviendront plus roses.

Fiches récapitulatives et semainier vide

En scannant ce code QR ou bien en recopiant l'adresse URL ci-dessous, vous accéderez à deux fiches récapitulatives sur l'alimentation du chat et du chien ainsi qu'à un semainier vide à remplir vous-même. Vous pourrez ainsi les accrocher sur votre frigo et voir d'un coup d'œil les principales informations à avoir en tête pour préparer les repas de votre compagnon.

https://www.editions-eyrolles.com/dl/0100233

Comment lire ce code QR ?

Un code QR est un code-barres à deux dimensions permettant d'accéder à un fichier *via* un Smartphone, simplement en le photographiant. Pour lire ce code QR, il vous suffit de télécharger une application dédiée (MobileTag, par exemple) et de passer votre Smartphone sur le code QR lorsque l'application est lancée. Vous serez alors automatiquement redirigé vers les fichiers que vous voulez télécharger.

Bibliographie

La nutrition animale

Livres

Professeur Roger Wolter, *Diététique du chien et du chat*, Éditions Masson, 1988

Professeur Roger Wolter, *Diététichat*, Éditions De Vecchi, 1990

Articles

Valérie Crousse, « Savoir vendre un aliment », *La Dépêche Vétérinaire* n° 1213, 11 au 17 mai 2013

Charlotte Devaux, « Vétérinaire, nutrition et petfood, un trio qui se cherche », *La Semaine Vétérinaire* n° 1726, 30 juin 2017

Charlotte Devaux, « Réglementation du petfood, secrets d'étiquettes », *La Semaine Vétérinaire* n° 1764, 18 mai 2018

Charlotte Devaux, « La tendance du «fait maison» grimpe, le conseil vétérinaire décroche », *La Semaine Vétérinaire* n° 1796, 15 février 2019

Laurence Duboc, « Alimentation industrielle ou ration ménagère en féline : le vétérinaire doit accompagner le propriétaire », *La Dépêche Vétérinaire* n° 1076, 24 au 30 avril 2010

Valérie Duphot, « La nutrigénomique est le futur de la nutrition clinique », *La Dépêche Vétérinaire* n° 1153, 21 au 27 janvier 2012

Valérie Duphot, « Nutrition : le vétérinaire principal prescripteur mais en recul », *La Dépêche Vétérinaire* n° 1467, 19 au 25 janvier 2019

Marine Guede, « Importance de l'apport protéique dans le régime des carnivores domestiques », *La Semaine Vétérinaire* n° 1802, 29 mars 2019

Aurore Hamelin, « Prescrire une ration, même ménagère, est au cœur du métier de vétérinaire », *La Dépêche Vétérinaire* n° 1545, 24 au 30 octobre 2020

Aurore Hamelin, « Nourrir un chien ou un chat avec un aliment bio, est-ce possible ? », *La Dépêche Vétérinaire* n° 1381, 11 au 17 février 2017

Maud Lafon, « Aliments humides : les vétérinaires commencent à se convertir », *La Dépêche Vétérinaire*, septembre 2016

Maud Lafon, « Royal Canin distribue un coffret Chatons chez les vétérinaires », *La Dépêche Vétérinaire* n° 1399, 17 au 23 juin 2017

« Guide de bonnes pratiques de fabrication d'aliments pour animaux familiers », FEDIAF, mars 2010

« États-Unis : 40 % du petfood testé non conformes à l'étiquetage », *La Dépêche Vétérinaire*, extrait de *Food Control*, volume 50, avril 2015

« En 2004, les ventes ont stagné, sauf celles du pet food chez les vétérinaires », *La Semaine Vétérinaire*, juin 2005 (d'après un rapport de l'AIEMV)

« Bi-nutrition et aliments humides », publicité de Waltham, *La Semaine Vétérinaire* n° 1674, 13 mai 2016

Les matières grasses

Michel Jeanney, « Association entre alimentation riche en fromage au plus jeune âge et moindre incidence d'allergies », *La Dépêche Vétérinaire* n° 1467, du 19 au 25 janvier 2019

Lorenza Richard, « Effets sur l'organisme des acides gras polyinsaturés », *La Semaine Vétérinaire* n° 1697, 25 novembre 2016

Les mycotoxines

Thèse

Kheira Hadjeba-Medjdoub, *Risque de multi-contaminations en mycotoxines et moyens de désactivation par les parois de levures et levures enrichies en glutathion ou sélénométhionine*, université de Toulouse, 5 juin 2012. Thèse disponible ici : https://oatao.univ-toulouse.fr/7003/1/hadjeba_medjdoub_partie_1_sur_2.pdf

Articles

Lorenza Richard, « La nutrigénomique appliquée à l'influence des mycotoxines chez les bovins », *La Semaine Vétérinaire* n° 1695, 12 novembre 2016

Lorenza Richard, « Présence et effets des mycotoxines «modifiées» dans l'alimentation des porcs », *La Semaine Vétérinaire* n° 1674, 13 mai 2016

Sites web

OMS : https://www.who.int/fr/news-room/fact-sheets/detail/mycotoxins (site de l'OMS)

Laboratoires d'analyses :

- https://www.eurofins.fr/agroalimentaire/solutions-par-analyses/contaminantschimiques/mycotoxines/
- https://www.capinov.fr/mycotoxine-analyse-industriels-agro-alimentaires.php
- http://www.phytocontrol.com/nos-analyses/mycotoxines/

Les additifs, les perturbateurs endocriniens et autres substances

Livres

Barbara Demeneix, *Cocktail toxique*, Odile Jacob, 2017

Dr Alain Collomb, Dr Jean-Yves Gauchet et Dr Claude Lagarde, *Perturbateurs neuro-endocriniens et maladies émergentes*, Éditions Dangles, 2015

Articles

Georgina Child and Darren J. Foster, « Ataxia and paralysis in cats in Australia associated with exposure to an imported gammairradiated commercial dry pet food », *Australian Veterinary Journal*, volume 87, n° 9, septembre 2009.

Corinne Descours-Renvier, « Résidus chez les animaux et dans les aliments : des taux de conformité élevés en Europe », *La Dépêche Vétérinaire* n° 1541, 26 septembre au 2 octobre 2020

Valérie Duphot, « Une étude précise les teneurs en dioxines de denrées alimentaires en France et en Allemagne », *La Dépêche Vétérinaire* n° 605, 25 septembre au 1er octobre 1999

Valérie Duphot, « États-Unis : rappel d'un aliment pour chien contenant un taux élevé d'hormone thyroïdienne bovine », *La Dépêche Vétérinaire*, avril 2017

Caroline Henry, « Qu'est-ce que l'amidon modifié ? », *Santé magazine*, avril 2018

Michaella Igoho-Moradel, « Perturbateurs endocriniens : les vétérinaires sont aussi concernés », *La Semaine Vétérinaire* n° 1798, 1er mars 2019

Michel Jeanney, « États-Unis : du pentobarbital dans les aliments pour chien », *La Dépêche Vétérinaire* n° 1428, 3 au 9 mars 2018

Guy Maghuin-Rogister, « Actualités en matière de résidus de substances à effet hormonal ou anti-hormonal », *Annales de Médecine Vétérinaire* n° 139, 1995

Stéphanie Padiolleau, « Le mélange potentialise l'effet des perturbateurs endocriniens », *La Semaine Vétérinaire* n° 1737 et 1738, 27 octobre et 3 novembre 2017

David Quint, « Du classement du glucose comme substance vénéneuse », *La Dépêche Vétérinaire* n° 1408, 7 au 13 octobre 2017

Éric Vandaële, « Quels sont les additifs autorisés en Europe ? », *La Semaine Vétérinaire* supplément n° 915, 5 décembre 1998

« Du PCB dans des aliments pour animaux contenant des dérivés de poisson », *La Dépêche Vétérinaire*, septembre 2010

« Antibiorésistance et perturbateurs endocriniens au programme pour 2011 », *La Dépêche Vétérinaire*, février 2011

« La nourriture «ultra-transformée» corrélée à une mortalité plus élevée », extrait du *JAMA Internal Medicine*, 11 février 2019

« Perturbateurs endocriniens : nombreuses sources de contamination », extrait du colloque du RES (Réseau Environnement Santé) du 14 septembre 2010

« Bisphenol A (BPA) in the serum of pet dogs following short-term consumption of canned dog food and potential health consequences of exposure to BPA », *Science of The Total Environment*, vol. 579, 1 February 2017, p. 1804-1814.

« *L'hyperthyroïdie féline : 1. Étiopathogénie et actualités diagnostiques* », *Le Point vétérinaire*, vol. 31, numéro spécial « Endocrinologie clinique des carnivores domestiques », 2000, p. 101-108.

« Une étude précise la contamination d'aliment préparé pour chiens par les acariens de la poussière de maison et de stockage », extrait de *Vet. Dermatology*, vol. 22, 2011

« Les chats sont exposés aux retardateurs de flamme bromés et aux organochlorés par la poussière et les aliments », extrait de *Environmental Science & Technology*, 14 février 2017

Les insectes et autres composés anormaux

F.B., « Anallergenic : Royal Canin lance le premier aliment à base de plumes », *La Dépêche Vétérinaire*, mars 2012

Karin De Lange, « La consommation d'insectes », *La Semaine Vétérinaire* n° 1652, 27 novembre 2015

Charlotte Devaux, « Les croquettes aux insectes, une révolution écologique et nutritionnelle ? », *La Semaine Vétérinaire* n° 1833, 6 décembre 2019

Nathalie Devos, « Le traitement des sous-produits animaux exclus de la chaîne alimentaire est de plus en plus réglementé », *La Semaine Vétérinaire* n° 1068, 5 octobre 2002

Nathalie Devos, « Consommer des insectes : l'Efsa n'est pas alarmiste mais... prudente », *La Semaine Vétérinaire* n° 1647 et 1648, 23 et 30 octobre 2015

Valérie Duphot, « Intoxications de chiens liées à la consommation de croquettes fabriquées en Espagne », *La Dépêche Vétérinaire* n° 1226, 28 septembre au 4 octobre 2013

Pierre Dufour, « Comment sont fabriqués les aliments pour animaux de compagnie ? », *La Semaine Vétérinaire* n° 1790, 21 décembre 2018

Serge Dumont, « Premiers coups de pioche pour la start-up Ynsect », *Journal de Saône-et-Loire*, 10 septembre 2015

Tanit Halfon, « Les insectes en alimentation animale et humaine », *La Semaine Vétérinaire* n° 1751, 16 février 2018

P.-L.H., « Premières croquettes pour chien à base de protéines d'insectes et sans graisses animales », *La Dépêche Vétérinaire* n° 1559, du 30 janvier au 5 février 2021

Michel Jeanney, « Le petfood plus «éthique» que l'aliment humain ? », *La Dépêche Vétérinaire* n° 1210, 20 au 26 avril 2013

Michel Jeanney, « Les insectes pour lutter contre la faim ? », *La Dépêche Vétérinaire* n° 1219, du 22 au 28 juin 2013

Michel Jeanney, « Les producteurs d'insectes essaient de se faire entendre », *La Dépêche Vétérinaire*, 15 mai 2015

Léonor Lumineau, « Les insectes peuvent-ils nourrir le monde ? », *Alternatives économiques*, n° 388, mars 2019

Éric Vandaële, « Royal canin étudie les formes, les goûts et les odeurs... de l'appétence », *La Semaine Vétérinaire*, d'après deux brochures de Royal Canin : « *L'appétence chez le chien* » et « *Les préférences alimentaires des chiens et des chats* »

« Insectes et alimentation animale : changer la législation », *La Dépêche Vétérinaire* supplément ASV n° 119, mai 2016

« Insectes : des risques en termes de sécurité sanitaire, selon l'Efsa », *La Dépêche Vétérinaire* n° 1450, du 22 au 28 septembre 2018

Les nouveaux aliments à problème (BARF, sans céréales, vegan...)

Thèse

Élise Campagnolle, *Comparaison des rations BARF (Biologically Appropried Raw Food) aux recommandations nutritionnelles du chien sain ou malade*, École vétérinaire de Maisons-Alfort, 2011. Thèse disponible ici : http://theses.vet-alfort.fr/telecharger.php?id=1439

Articles

Valentine Chamard, « Haro sur les croquettes et retour au naturel », *La Semaine Vétérinaire* n° 1746, 12 janvier 2018

Sandrine Combaret, « Alimentation du chien et du chat : les nouvelles tendances », *La Dépêche Vétérinaire* supplément ASV n° 127, mars 2019

Pierre Dufour, « Les idées reçues concernant l'alimentation des carnivores », *La Semaine Vétérinaire* n° 1773 et 1774, 24 et 31 août 2018

Bénédicte Iturria, « Mouvements antivaccins et raw feeding : deux confrères montent au créneau », *La Semaine Vétérinaire* n° 1782 et 1783, 26 octobre et 2 novembre 2018

M.L., « Un collectif de nutrition vétérinaire met en garde contre les nouvelles croquettes », *La Dépêche Vétérinaire* supplément ASV n° 164, décembre 2020

Alice Laurens, « Alimentation vegan des animaux de compagnie : une tendance inquiétante qui peut être illégale outre-Manche », *La Dépêche Vétérinaire* n° 1532, du 6 au 12 juin 2020

Claude Paolino, « Que penser d'un régime végétarien pour les carnivores ? », *La Semaine Vétérinaire* n° 1708, 24 février 2017

« Régime Barf : attention au risque bactérien », extrait du *Veterinary Record*, 4 mars 2019, doi:10.1136/vr.105199

« Aliments crus pour chat : facteurs de risque d'excrétion d'Enterobacteriaceae à BLSE », extrait du *Plos One*, 2 novembre 2017

Les probiotiques et les prébiotiques

Ségolène Minister, « Stress et intestin : le rôle du deuxième cerveau », *La Semaine Vétérinaire* n° 1663, 26 février 2016

Lorenza Richard, « Nature et mode d'action des pré- et probiotiques », *La Semaine Vétérinaire* n° 1694, 4 novembre 2016

Les aliments à éviter

Laetitia Barlerin, « Avocat : un toxique insoupçonné », *La Dépêche Vétérinaire* supplément ASV n° 141, septembre 2018

Laetitia Barlerin, « Noix de Macadamia : toxicité avérée chez le chien », *La Dépêche Vétérinaire* supplément ASV n° 146, février 2019

Les rachats de structures vétérinaires

Thèse

Lucile Frayssinet, *Évolution des modèles d'affaires vétérinaires en France et dans le monde : Focus sur les animaux de compagnie*, École nationale vétérinaire de Toulouse, 2019. Thèse disponible ici : https://oatao.univ-toulouse.fr/25516/1/Frayssinet_25516.pdf

Articles

Chantal Béraud, « Les réseaux de cliniques vétérinaires sont l'avenir de notre profession », *La Semaine Vétérinaire* n° 1869, 2 octobre 2020

Marie-Josée Cougard, « Après les croquettes, Mars mise sur les cliniques vétérinaires en Europe », *Les Échos*, 23 juin 2020

Fabrice Crépin, « Le réseau Okivét, un nouvel acteur de la profession vétérinaire », *L'Essentiel* n° 577, 8 au 14 octobre 2020

Valérie Duphot, « Le groupe Mars acquiert le réseau de cliniques vétérinaires VCA », *La Dépêche Vétérinaire* n° 1379, 28 janvier au 3 février 2017

Lucile Frayssinet, Philippe Baralon, « Équilibre technique entre rémunération et valorisation dans le cadre de la vente à un groupe de cliniques », *La Dépêche technique*, décembre 2020 - janvier 2021

Michel Jeanney, « Nestlé Purina PetCare annonce un partenariat avec le groupe IVC-Evidensia », *La Dépêche Vétérinaire* n° 1487, 8 au 14 juin 2019

Maud Lafon, « AniCura : nous n'avons pas d'objectifs quantitatifs », *La Dépêche Vétérinaire* n° 1473, 2 au 8 mars 2019

Maud Lafon, « Mars Petcare rachète AniCura », *La Dépêche Vétérinaire* n° 1445, 30 juin au 6 juillet 2018

Maud Lafon, « Wizzvet vise un développement international », *La Dépêche Vétérinaire* n° 1508-1509, 21 décembre au 10 janvier 2020

Maud Lafon, « Chaînes et réseaux : un phénomène croissant mais pas irrésistible », *La Dépêche Vétérinaire* n° 1543, 10 au 16 octobre 2020

Maud Lafon, « Panorama des chaînes et réseaux vétérinaires dans le monde et en France », *La Dépêche Vétérinaire* n° 1543, 10 au 16 octobre 2020

Maud Lafon, « Troisième radiation du tableau de l'Ordre pour une clinique membre du réseau AniCura », *La Dépêche Vétérinaire* n° 1555-1556, 9 au 15 janvier 2021

Maud Lafon, « Actionnaire interdits : l'Ordre prononce la radiation du tableau d'un centre hospitalier vétérinaire et d'une clinique », *La Dépêche Vétérinaire* n° 1539, 12 au 18 septembre 2020

Michel Lauwers, « AniCura veut séduire les animaux de compagnie belges », *L'écho de Belgique*, 8 octobre 2020

Marine Neveux, « Chaînes et réseaux : pygmalions ou sirènes ? », *La Semaine Vétérinaire* n° 1871, 16 octobre 2020

Frédéric Thual, « Dossier Regroupement : une autre vision de la profession », *La Semaine Vétérinaire* n° 1778, 28 septembre 2018

Frédéric Thual, « Le géant AniCura s'implante en France », *La Semaine Vétérinaire* n° 1797, 22 février 2019

Frédéric Thual, « L'Ordre sort le carton rouge : AniCura dans la tourmente ordinale », *La Semaine Vétérinaire* n° 1867, 18 septembre 2020

Frédéric Thual, « Rachat par des groupes : les CHV (centres hospitaliers vétérinaires) peuvent-ils rester indépendants ? », *La Semaine Vétérinaire* n° 1856, 29 mai 2020

Philippe Zeltzman, « Le groupe Mars rachète la chaîne de cliniques VCA », *La Semaine Vétérinaire* n° 1704, 27 janvier 2017

« AniCura annonce son déploiement en France, Espagne et Italie », *La Dépêche Vétérinaire*, 20 février 2019

« Êtes-vous pour ou contre les réseaux ? », *La Semaine Vétérinaire* n° 1872-1873, 23 et 30 octobre 2020

« Faut-il avoir peur des réseaux ? », *La Semaine Vétérinaire* n° 1860, 26 juin 2020

« Vœux de l'Ordre : l'indépendance professionnelle, thème majeur pour 2021 », *La Dépêche Vétérinaire* n° 1555-1556, 9 au 15 janvier 2021

« Radiations de structures d'un réseau européen par l'Ordre : une décision salutaire ? », *La Semaine Vétérinaire* n° 1869, 2 octobre 2020

« Concentrations : la Commission européenne autorise, sous conditions, le rachat d'AniCura par Mars (Royal Canin) », communiqué de presse de la Commission européenne, 29 octobre 2018

Sites web

Frédéric Clavir, « AniCura étend son réseau de vétérinaires », canalz.levif.be, 24 juin 2020

« L'entreprise Mars investit dans les cliniques vétérinaires », https://www.zoopro.fr/blog/30-lentreprise-mars-investit-dans-les-cliniques-veterinaires.html

« Mars Petcare fait une entrée stratégique dans le secteur européen des soins vétérinaires avec l'intégration d'AniCura dans ses activités », itespresso, 11 juin 2018

Les maladies liées aux aliments

Philippe Amar, « Près d'un tiers des cancers humains sont liés à l'alimentation », extrait du *Quotidien du Médecin* n° 6496, 12 mai 1999

Tarek Bouzouraa, « Prise alimentaire et crises convulsives, un lien avéré », *La Semaine Vétérinaire* n° 1875, 18 novembre 2020

Maud Clavel, « Gestion nutritionnelle du patient cancéreux : un axe essentiel de la prise en charge », *La Dépêche Vétérinaire* n° 1407, 30 septembre au 6 octobre 2017

Charlotte Devaux, « Les Obesi'days pour sensibiliser au fléau de l'obésité », *La Semaine Vétérinaire* n° 1705, 3 février 2017

F.D., « Transformez les oreilles de vos patients en mine d'or », *Clientèles & Cliniques* n° 61, mai 2002

V.D., « Coproflat contre l'odeur des flatulences », *La Dépêche Vétérinaire* n° 1472, du 23 février au 1er mars 2019

Valérie Dramard, « Malpropreté urinaire chez le chat : SUF et Hs-Ha, un cas clinique éloquent », *La Dépêche Vétérinaire* n° 1095, 23 au 29 octobre 2010

Anne-Claire Gagnon, « Allergie alimentaire : bien conduire le régime d'éviction », *La Dépêche Vétérinaire* n° 1133, 3 au 9 septembre 2011

Alex German, « Obésité : les vétérinaires doivent changer de discours », *La Dépêche Vétérinaire* n° 1467, 19 au 25 janvier 2019

Lucile Gros, « Hyperparathyroïdie d'origine nutritionnelle chez un chat », *La Semaine Vétérinaire* n° 1853, 8 mai 2020

Aurore Hamelin, « Prendre en charge le chat obèse », *La Dépêche Vétérinaire* n° 1409, 14 au 20 octobre 2017

Aurore Hamelin, « Quand le microbiote cutané du chien se dérègle... », *La Dépêche Vétérinaire* n° 1383, 25 février au 3 mars 2017

Maud Lafon, « Les Français peu objectifs sur le poids de leurs animaux », d'après une étude réalisée en juin 2010 auprès de 992 propriétaires de chiens et de chats

Claude Paolino, « Quels liens entre les troubles dermatologiques et l'alimentation ? », *La Semaine Vétérinaire* n° 1742, 1er décembre 2017

« 130 experts mondiaux font le point sur l'obésité animale », *La Dépêche Vétérinaire*, septembre 2011

« Cancers des appareils digestif et urinaire chez l'homme : rôle de la viande grillée », extrait de *The Lancet*, 27 février 1999, p. 686-687 et 703-704

« Le surpoids réduit la durée de vie des chiens de propriétaires », extrait du *Journal of Veterinary Internal Medicine*, 11 décembre 2018

« Épilepsie réfractaire au traitement : un levier nutritionnel », extrait du *Journal of Veterinary Internal Medicine*, 15 avril 2020

« L'obésité, une même problématique pour le chien et pour l'homme », extrait de *Diario veterinario*, 2 juin 2020

« Sensibilité présumée au gluten chez le border terrier : une affection multisystémique ? », extrait de *Journal of Small Animal Practice*, novembre 2016

« Connaître l'intolérance alimentaire des carnivores », extrait du *Journal of Small Animal Practice*, 11 décembre 2018

« Une œsophagite éosinophilique chez un chaton », extrait de *J. Am. Anim. Hosp. Assoc.*, 23 mai 2017

« La maladie parodontale augmente le risque de maladie rénale chronique du chat », extrait du *JAVMA*, 15 mars 2018

« Chatons orphelins à diarrhée : une supplémentation vitaminique et minérale améliore la survie », extrait du *J. Feline Med. Surg.*, 28 mars 2019

« Un régime à teneur excessive en phosphore peut être néphrotoxique chez le chat sain », extrait du *J. Feline Med. Surg.*, mai 2017

« Un régime nutraceutique agit sur les paramètres neuro-endocriniens et le stress des chiens », extrait du *Vet. Rec.*, 24 novembre 2016

MIXTE
Papier | Pour une gestion forestière responsable
FSC® C022829
FSC www.fsc.org

Composé par Soft Office

Achevé d'imprimer en France par Laballery Numérique
Quatrième tirage - Juillet 2026
Dépôt légal : avril 2021
N° d'impression : 607491